実践土壌学
シリーズ 2

土壌生態学

金子信博

［編］

朝倉書店

編 集 者

金子信博　福島大学農学系教育研究組織設置準備室

執 筆 者

岡田浩明　農研機構 中央農業研究センター

金子信博　福島大学農学系教育研究組織設置準備室

唐沢重考　鳥取大学農学部

島野智之　法政大学自然科学センター／国際文化学部

角田智詞　信州大学農学部

中森泰三　横浜国立大学大学院環境情報研究院

長谷川元洋　森林研究・整備機構 森林総合研究所四国支所

菱拓雄　九州大学大学院農学研究院

兵藤不二夫　岡山大学異分野融合先端研究コア

南谷幸雄　栃木県立博物館

（五十音順）

はじめに

　土壌は岩石を母材とし，それぞれの気候条件のもと，長年にわたる物理化学的な変化とともにそこに棲息している植物と土壌生物（微生物，動物）たちとの相互作用によって形成されたものである．

　土壌は，食料生産の場として私たちの暮らしを支えてきた．そして，土壌学は人口の爆発的な増加に対応する食料生産の増大に大きく貢献をしてきた．すなわち，植物である作物の生育基盤，栄養塩供給の能力といった理化学性の評価や化学肥料による生産力の増強である．土壌学による植物生産の理解は，灌漑や化学農薬，育種とともに「緑の革命」と呼ばれる農業の集約化を支えてきた．

　生産力の大幅な増大という華々しい成果の一方，農業の集約化は，化学肥料や農薬による環境汚染，健康被害を引き起こしただけでなく，土壌そのものの劣化を引き起こしてきた．農地の土壌劣化は，過度の耕耘や施肥，連作などが原因とされているが，同時に土壌生物の多様性や個体数減少も観測されている．

　本書では，土壌を生きた生態系として捉え，そこに棲息する生物の多様性を包括的に捉える．そして，それらの生物が相互作用を通して生態系で果たしているさまざまな機能について理解を深める．

　本書の構成は，序章にあたる第1章に続いて最初の4章では，主要な土壌動物の分類群ごとに原生生物（第2章），線虫（第3章），土壌節足動物（第4章），ミミズ（第5章）の分類学的位置付けや生活史，そして生態学的機能について説明する．次に，土壌の中での重要な生物間相互作用である土壌微生物と土壌動物の「食う–食われる」や寄生，共生といった種間関係（第6章），土壌動物による有機物の分解と栄養塩の循環機能（第7章），植物の根を食べる土壌動物が植物群集に与える影響（第8章）について検討する．このような相互作用は，土壌生態系と地上の生態系（植物群集）との応答を引き起こしており（第9章），植物群集の挙動が土壌生態系を反映したものであることが理解される．この章までの知識の応

用として，森林管理における土壌生態系の位置付け（第10章），および保全農業における土壌生態系の重要性（第11章）を解説し，最後に地球環境問題の理解と解決のために，土壌を生態学的に捉え，対処していくことの重要性を説明する（第12章）．

　農地の土壌劣化は，土壌が作物だけでなく，土壌の微生物や動物の棲息場所であり，植物である作物は土壌生物と一体となって生きているという点を忘れたために起こってきた．土壌劣化は，農地にとどまらず，流域の汚染や温室効果ガスの排出など，地域や地球環境にも影響がある．農業の転換をはかり，真に農地土壌を持続可能に利用する方法を取り入れることが，強く求められている．

　森林の役割は，生物多様性の保全や，再生利用可能資源の供給源として大きい．森林管理は農地に比べると気候や地形，そして土壌に大きく制約される．すなわち，人間側の管理は樹種の選択と伐採方法に限定される．ここでも，土壌生態系を理解することが，木本植物の応答を通じて持続可能な森林管理の指標となる．

　本書のアプローチは，生態学的な視点を土壌学に持ち込むものである．土壌劣化に起因する食料生産の停滞は，避けなくてはならない．本書では，土壌生物の多様性を維持することが，土壌劣化を防ぎ，持続可能な農業生産を行うために必須であることを示す．

　2018年7月

金子信博

目　　次

第1章　土壌生物の多様性，機能群 ………………………………[金子信博]…1
  1.1　ダーウィンとミミズ ……………………………………………………1
  1.2　陸上生態系の中の土壌生態系 …………………………………………3
  1.3　土壌生物の多様性 ………………………………………………………4
  1.4　サイズに基づく分類 ……………………………………………………5
  1.5　土壌動物の生態学的機能群 ……………………………………………9
  1.6　ハビタットと多様性の関係，分布 …………………………………13

第2章　原 生 生 物 …………………………………………………[島野智之]…14
  2.1　原生生物の最新の分類体系 …………………………………………14
  2.2　土壌原生生物の多様性と現存量 ……………………………………18
  2.3　植物根圏における細菌と原生生物 …………………………………27

第3章　線　　　　虫 …………………………………………………[岡田浩明]…31
  3.1　自活性線虫 ……………………………………………………………31
  3.2　植物寄生性線虫 ………………………………………………………36

第4章　土壌節足動物 …………………………………………………[唐沢重考]…45
  4.1　日本産土壌節足動物の種数 …………………………………………45
  4.2　さまざまなスケールにおける多様性のパターン …………………47
  4.3　地理的分化 ……………………………………………………………51
  4.4　外来生物 ………………………………………………………………53
  4.5　単為生殖 ………………………………………………………………54
  4.6　多様性研究の新たな取り組み― DNA バーコーディング―………55

iv 目 次

第5章 ミ ミ ズ………………………………………………[南谷幸雄]…57
5.1 ミミズの分類と分布 ……………………………………………… 57
5.2 ミミズの生活型 …………………………………………………… 60
5.3 食性と消化管内プロセス ………………………………………… 66
5.4 土壌形成 …………………………………………………………… 68
5.5 ミミズの活動と植物の生長 ……………………………………… 69

第6章 土壌微生物と土壌動物の相互作用 …………………[中森泰三]…72
6.1 生物間の相互作用 ………………………………………………… 72
6.2 栄養摂取 …………………………………………………………… 74
6.3 微生物による土壌動物の消費 …………………………………… 79
6.4 競 争 …………………………………………………………… 83
6.5 繁殖体の散布 ……………………………………………………… 83
6.6 着 生 …………………………………………………………… 85
6.7 間接的な相互作用 ………………………………………………… 85
6.8 消化管内共生 ……………………………………………………… 87
6.9 間接的な相互作用の重要性 ……………………………………… 87

第7章 有機物分解，物質循環における機能 ………………[長谷川元洋]…88
7.1 土壌動物の機能群と分布 ………………………………………… 88
7.2 土壌動物の分解への寄与 ………………………………………… 91
7.3 土壌動物は，落葉分解，物質循環にどのくらい関与しているのか…… 92
7.4 土壌動物による炭素隔離 ………………………………………… 96
7.5 窒素，リン，ミネラルの無機化への寄与 ……………………… 97
7.6 土壌動物の多様性が分解，養分循環に与える影響 …………… 98
7.7 分解，物質循環における機能のまとめ ………………………… 100

第8章 植物の根系と根食昆虫の関係 ………………………[角田智詞]…101
8.1 植物根系の構造と機能 …………………………………………… 101
8.2 根食昆虫の現存量と分布様式 …………………………………… 103
8.3 植物根系の防御 …………………………………………………… 105

8.4	根食昆虫の摂食物と利用様式	107
8.5	植物への根食昆虫の影響	110
8.6	非生物要因が根系と根食昆虫の相互作用に与える影響	112
8.7	植物を介した地上部–地下部の動物の相互作用	115

第9章　土壌生態系と地上生態系のリンク　……………［兵藤不二夫］…116
9.1	地上部の植物が地下部の生物に与える影響	117
9.2	地上部の食物網の影響	122
9.3	地下部の生物が地上部に与える影響	123
9.4	地上部と地下部のリンクと生態プロセス	128

第10章　森林管理と土壌生態系　………………………………［菱　拓雄］…131
10.1	森林管理と生態系サービス	131
10.2	伐採と植林が土壌に与える影響	132
10.3	土壌流亡の原因と土壌生態系に与える影響	140
10.4	大型草食獣の増加が土壌に与える影響	141
10.5	土壌の健全さを示す指標	143
10.6	持続的な森林土壌管理に向けて	145

第11章　保全農業と土壌動物　…………………………………［金子信博］…147
11.1	土壌劣化	148
11.2	なぜ耕すとよくないのか	150
11.3	保全農法による土壌生物相の変化	152
11.4	生態系機能を活用する農法	154
11.5	土壌の多機能性と質の指標	159

第12章　地球環境問題と土壌生態系　…………………………［金子信博］…162
12.1	土地利用と土壌生物多様性の変化	162
12.2	気候変動	164
12.3	活性窒素による生態系汚染	167
12.4	重金属，放射性物質による土壌汚染	168

vi　　　　　　　　　　目　　次

12.5　生物多様性と生態系サービスの劣化 ……………………………171
12.6　土壌の健康と地球環境保全 ………………………………………172

引用文献 ……………………………………………………………………177
参考文献 ……………………………………………………………………198
索　　引 ……………………………………………………………………201

1

土壌生物の多様性，機能群

　われわれが普段目にしている土壌とはいったい何かについてあらためて考えてみると，さまざまな疑問や興味がわく．土壌は何からできているのか(構成要素)，どうやってできてきたのか（成立要因），そして，どんなはたらきをもっているのか（機能）．これまで土壌学は土壌の理化学性を中心に研究され，構築されてきた．一方，土壌には，本書で紹介するように多様な微生物や動物，そして植物の根がそこに生活しており，緊密な相互作用をもっている．さらによく考えていくと，鉱物や有機物の集合を土壌にしているのは，生物のはたらきであることがわかってくる．世界の各地で森林伐採や農業による土壌劣化が進行しており，今後，食料生産が増大する世界人口をはたして養うことができるのかについて，議論が続いている．長い人類の歴史では，人間活動が土壌を劣化させてきたことがわかってきている．とくに農業分野における緑の革命では，土壌に関してだけでも化学肥料（すなわち土壌の化学性）と，耕耘や灌漑（土壌の物理性）に関する農学的な進歩が飛躍的な農業生産力の増大に寄与した．しかし，しばらくすると，土壌劣化や環境汚染の問題について根本的な改善が必要なことがわかってきた．どうやら土壌の重要な構成要素である土壌生物を軽視してきたことが，土壌劣化や農業生産のさまざまな問題を引き起こしてきたらしい．いいかえると，土壌は生きていて，そこに棲息する生物によってその組成や構造，そして機能が改変されることを理解しないと，土壌劣化を防ぎ，より持続可能な土地利用を工夫することにつながらない．したがって，土壌を学ぶには土壌生物の生態と機能をよく理解する必要がある．

1.1　ダーウィンとミミズ

　生物の進化論を提唱したチャールズ・ダーウィンは多くの著作を残したが，そ

の生涯の最後の著書として，"*The formation of vegetable mould through the action of worms with observations of their habits*"（邦訳『ミミズと土』）を 1981 年に出版している（Darwin, 1881）．これは，ミミズの土壌における機能について初めて科学的に考察した論文である．ダーウィンは，ヨーロッパの公園などでもよくみかけるミミズであるオウシュウツリミミズ（*Lumbricus terrestris*）を材料に，飼育して行動観察を行うとともに，野外で起きている現象をミミズの活動と結びつけた．たとえば，地表面に散布された石炭殻や，地表面に設置された石など長期にその形を変えない材料を使って，それらが数十年後には土の中に埋もれているという観察から，とても小さな動物であるミミズが，土を食べて地表面に糞を出すことで，徐々に土壌が地表面に形成されると考えた．

　生物は環境をさまざまな形に変化させており，ミミズのような小さな動物も長い時間を考えると土壌を大きく改変している．現在では，このようなはたらきをもつ生物を生態系改変者（ecosystem engineer）とよぶ（Jones *et al.,* 1994）．生態系改変者は，環境を変化させることで自身やほかの生物の生活に影響を与える生物で，その影響は生物の死後も残る．たとえば，ビーバーが森林内の渓流にダムを作ると，水没した部分の樹木は枯れ，湖となる．ビーバーがいなくなっても，しばらく湖が残る．土壌は有機物とさまざまな鉱物が混合しているが，ミミズがそれらを食べ排泄すると，その糞は耐水性団粒となり，土壌構造が変化する．また，ミミズが移動のための坑道を作ると，雨水が坑道を通ってすばやく土壌中を移動する．ミミズの一生は短いが，これらの構造はミミズの死後もしばらく土壌にとどまる．ミミズの現存量とミミズに改変された土壌との関係は，土壌改変がミミズの死後もしばらく維持されることを考えないと，その因果関係がわからない．ダーウィンは，早くからこのようなミミズの機能について注目していたことがわかる．

　われわれが身近に目にすることのできるミミズは，まさに土壌動物の代表格といえる．ミミズは，土壌団粒の形成と，それにともなう炭素隔離，そして土壌中での栄養塩の循環促進という機能をもっている．土壌にはミミズ以外にどのような土壌生物や動物がいて，どのような機能をもっているのだろうか．

1.2　陸上生態系の中の土壌生態系

　陸上で植物が生育する場所には土壌が必ず存在し，植物の生育を支えている．植物は光合成により無機物から有機物を作る(一次生産)．陸上生態系における食物連鎖を考えると，植物が植食性動物に食べられ，植食性動物は肉食性の動物（捕食者）に食べられ，さらに高次の捕食者へと食物連鎖がつながっている（図1.1）．これを生食連鎖とよんでいる．ところが，われわれは日常生活において，植物が動物にほとんど食べつくされてしまう場面を目にすることはない．一般に，一次生産のほとんどは食べられることなく，やがて葉は落葉として地面に落下し，枯れ枝や枯れ木，そして動物の遺体や排泄物も土壌で分解されていく．土壌には，微生物と土壌動物が枯死したり，排泄物となったりした有機物（これをデトリタス，detritusとよぶ）を出発点とする食物連鎖が成立しており，これを腐食連鎖とよんでいる．陸上生態系では生食連鎖は一次生産のおよそ1割程度を消費するだけであり，残りの9割が腐食連鎖に流入する（Cebrian, 1999）．腐食連鎖では，微生物が酵素を分泌して有機物を分解していくが，動物が微生物の活動にさまざまな影響を与え，その結果としてデトリタスに含まれていた窒素やリンといった

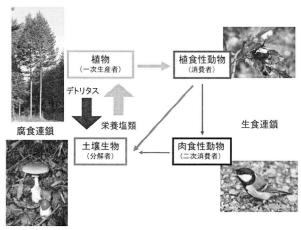

図1.1　陸上生態系の食物連鎖（金子, 2010）
矢印の太さは，陸上生態系における食物連鎖の中で，物質が移動する相対的な量を示している．

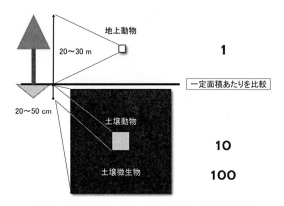

図 1.2 地上と地下の生物の現存量割合（金子，2014）

栄養塩類が無機化され，植物に再利用可能となる．森林や草原など，人が施肥をしない植物群落では，腐食連鎖のはたらきによって，植物と土壌との間ですべての栄養塩類が再循環している．

　ある生態系で利用される有機物量が多いということは，そこに棲息する消費者の量も多いということを示す．森林の一定面積中の地上部に棲息する哺乳類や鳥類，昆虫などの無脊椎動物の現存量合計を1としたとき，土壌表層に棲息する動物はそのおよそ10倍，微生物はさらにその10倍程度棲息している（図1.2）．もちろん森林の状態や，土地利用の歴史によってこの数値は幅があるが，地上よりはるかに多くの土壌生物が，地上に比べてきわめて薄い層に集中して生活していることは明らかである．

1.3　土壌生物の多様性

　ニューヨークのセントラルパークは，大都市の中に，このマンハッタン島に開拓者が来たころの自然が残されている．Ramirez et al.（2014）は，この公園で多数の土壌を採取し，シークエンス解析によって原核生物と真核生物がそれぞれどれくらいの多様性を示すかを調べた．大都市の真ん中とはいえ，開発からまぬがれ土壌の攪乱があまりなかったせいもあるだろうが，OTU（operational taxonomic unit）の数で，世界中から報告されている原核生物と真核生物のそれぞれ，15%と10%程度が記録された．さらに驚くべきことは，サンプル数あたりのOTU

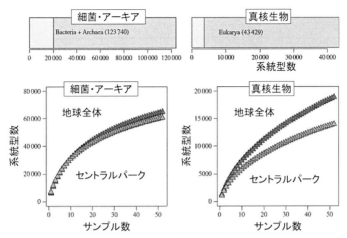

図 1.3 ニューヨークセントラルパークの土壌生物の多様性比較（Ramirez et al., 2014）

数の増加（多様性の1つの表現）をみると，原核生物の場合，セントラルパークでは世界中のデータとほぼ同じような増加をみせた（図1.3）．このことは，土壌に棲息する原核生物の多様性は場所が違ってもあまり違わない可能性を示唆している．Fierer et al. (2006) の解析によると土壌細菌の分類群組成は乾燥地を除くと，寒冷地から熱帯まで驚くほど似ていた．一方，ミミズを含む真核生物の場合は，セントラルパークにおける多様性がやや低く，土壌生物の場合，相対的にサイズの大きなものほど分布の制限を受ける可能性を示唆している．

土壌に棲息している生物の分類群はきわめて広い範囲にわたる（表1.1）．土壌微生物については，実践土壌学シリーズの『土壌微生物学』を参照してほしい．動物の中では，あまり地上ではみられないセンチュウ（線虫）や多足類，ミミズの仲間，完全に水棲であるワムシの仲間などがいる．また，クモガタ綱の種類が豊富なことや，昆虫の仲間では無翅昆虫（Apterygota）として区別されることもある．トビムシやカマアシムシといった耳慣れない動物も含まれている．

1.4 サイズに基づく分類

表1.1では，動物をサイズに基づいて小型土壌動物，中型土壌動物，大型土壌動物，巨大土壌動物に分けている．主要な土壌動物の分類群の体幅と体長の関係

6　　　　　　　　第1章　土壌生物の多様性，機能群

表1.1　土壌生物のおもな分類群

	分類群	綱（class）	目（order）	科（family）	主な和名
微生物 (Microorganisms)	ウイルス（Virus）				
	細菌（Bacteria）				
	アーキア （Archea）				
	真菌（Fungi）				
小型土壌動物 (soil microfauna)	原生生物 （Protista）*				繊毛虫 アメーバ 有殻アメーバ
	輪形動物門 （Rotifera）				ワムシ
	線形動物門 （Nematoda）				センチュウ
中型土壌動物 (soil mesofauna)	緩歩動物門 （Tardigrada）				クマムシ
	環形動物門 （Annelida）	ミミズ綱 （Oligochaeta）		ヒメミミズ科 （Enchytraiedae）	ヒメミミズ
	節足動物門 （Arthropoda）	クモガタ綱 （Arachnida）	カニムシ目 （Psudoscorpion）		カニムシ
			ダニ目（Acari）		ササラダニ
		エダヒゲムシ綱 （Pauropoda）			エダヒゲムシ
		コムカデ綱 （Symphyla）			コムカデ
		昆虫綱 （Insecta）	カマアシムシ目 （Protura）		カマアシムシ
			トビムシ目 （Collembola）		トビムシ
			コムシ目 （Diplura）		コムシ
大型土壌動物 (soil macrofauna)	環形動物門 （Annelida）	ミミズ綱 （Oligochaeta）			（大型）ミミズ
	軟体動物門 （Mollusca）	腹足綱 （Gastropoda）			カタツムリ
	節足動物門 （Arthropoda）	クモガタ綱 （Arachnida）	サソリ目 （Scorpionida）		サソリ
			ザトウムシ目 （Opiliones）		ザトウムシ
			クモ目（Araneae）		クモ
		甲殻綱（Crustacea）	ワラジムシ目 （Isopoda）		ダンゴムシ
			ヨコエビ目 （Amphipoda）		ヨコエビ
		ムカデ綱（Chilopoda）			ムカデ
		ヤスデ綱（Diplopoda）			ヤスデ
		昆虫綱（Insecta）	ハサミムシ目 （Demaptera）		ハサミムシ
			シロアリ目 （Isoptera）		シロアリ
			コウチュウ目 （Coleoptera）		オサムシ
			ハエ目（Diptera）		ケバエ
			ハチ目 （Hymenoptera）	アリ科 （Formicidae）	ヒメハナバチ アリ
巨大土壌動物 (soil megafauna)	哺乳動物門 （Mammalia）				モグラ

*第2章で解説するように，原生生物という分類群はないが，ここでは便宜的にあげている．

1.4 サイズに基づく分類

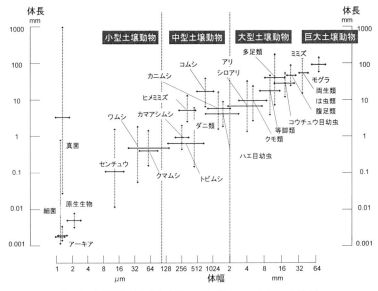

図 1.4 土壌生物の体長と体幅の関係（Swift et al., 1979 を改変）

を，図1.4に示す．多くの動物は体幅と体長がほぼ比例しているが，例外もある．真菌類は細胞が連続してつながり，糸状に伸びるので，幅は$1\,\mu m$程度であるが，長さはときには1mを超す．また，ミミズは大型の動物であるが，紐状の細長い体をしている．ほかの土壌動物も，体が偏平であったり，脚が短かったり，退化したり，陸上に棲息する分類群が近い仲間の動物に比べて小型化したりと，土壌中の環境に適応した形態上の特徴をもっている（青木，1973）．

　土壌は，棲息空間が狭く，土壌粒子の表面や粒子間に水分が保持され，液相を構成している．体の幅がおよそ$100\,\mu m$より小さい動物は，この液相中で棲息することができる．原生生物（Protitsta），センチュウ（Nematodes），そして淡水中に棲息するワムシの仲間もこの液相に棲息している．これらの動物を小型土壌動物とよび，土壌を細かい網に包んで水につけると水中を活発に移動することを利用して，土壌から分離することができる（ベールマン装置）．このサイズの動物は微生物食，植物寄生性，そして捕食性のものが多い．原生生物は細菌を食べ，センチュウは細菌食，糸状菌食，植物寄生性，捕食性のものを含む．

　体幅が$100\,\mu m$より大きく，およそ2mm程度までの動物を中型土壌動物とよ

ぶ．ここには多くの節足動物（トビムシ，ダニ類）とヒメミミズが含まれる．この大きさの動物は土壌中の空隙を移動しており，土壌の液相ではなく気相を利用している．そのため，小型土壌動物より水分への依存度が低く，体表から水分が失われないようクチクラが発達している．また，ヒメミミズ（Enchytraeidae）は体長5mmくらいまでの小型の環形動物であり，泥炭や腐植層のように有機物からなる層にとくに多い．また，ダニ類やカニムシがトビムシなどの捕食者として重要である．ヒメミミズは水に試料を浸し，上部から熱を加えると抽出できる(オコナー装置)．節足動物は，土壌を網の上に乗せ，乾燥させると動物が下方に移動することを利用して土壌から分離できる（ツルグレン装置）．また，熱源が上方にあり，土壌の下方を冷却することにより温度や湿度の傾度をつけて抽出効率を高くしたものをマックファーデン装置とよんでいる．図1.5に抽出装置を示す．

さらに体幅が2mmより大きな動物を大型土壌動物とよぶ．このサイズの動物は，ほとんどが落葉や落枝，石などと地面の間の隙間を利用している．体が大きいため，微生物のみを選択的に摂食することはなく，ヤスデ（ヤスデ綱，Diplopoda）やダンゴムシ（陸棲等脚類，Isopda）のように落葉を食べるもの，大型ミミズ類のように土壌有機物を食べるものが含まれる．大型ミミズ類は，落葉の下に棲息する表層性種と，土壌中に坑道を掘って土壌有機物を食べる地中性種，そして，坑道をもつが餌は地表面の落葉を食べる表層採食地中性種に分けることができる．また，アリ（ハチ目アリ科，Formicidae）やシロアリ（シロアリ目，Isoptera）などの社会性昆虫は高度に統御された集団行動をとり，多様な形態の

図1.5　さまざまな抽出装置
ツルグレン抽出装置（左）とマックファーデン抽出装置（右）

巣を作る．ムカデ類（ムカデ綱，Chilopoda）やクモ類（クモ目，Aranea）が捕
食者として重要である．

大型土壌動物は肉眼で土壌中から採集する方法（ハンドソーティング法）や，
コップのような容器を地面に設置する落とし穴（ピットフォールトラップ）や落
葉を現地で目の粗い篩で篩い，ハンドソーティングや抽出に用いるシフター法，
また，土壌を実験室に持ち帰り大型のツルグレン装置や，マックファーデン装置
を改良したシンプソン装置を用いた抽出法によっても採集できる．

このように大きさで土壌動物を分類することで，動物が棲息する土壌構造との
関係を整理することができる．すなわち，小型土壌動物は水分がなくならない限
り土壌内の狭い孔隙に棲むことができる．一方，中型土壌動物は，水分の制約を
あまり受けず，孔隙が多い土壌では多数棲息できるが，反対に孔隙が少ない土壌
では棲息数が制限される．また，大型土壌動物は地表面に落葉のようなデトリタ
スがあることが必要である種が多く，土壌中に移動することは少ないが，ミミズ
類やアリ，シロアリのように土壌に自ら坑道を掘ることで，棲息環境を改変して
土壌中に棲息している種もいる．

1.5 土壌動物の生態学的機能群

土壌動物全体を主要な生態学的機能で分類すると図1.6のようになる．土壌動
物の中で微生物を摂食する動物を微生物食者（microbial grazers），落葉を食べる
動物を落葉変換者（litter transformers），そしてミミズのように土壌構造を変え
る動物を生態系改変者（ecosystem engineers）とよぶ（金子・伊藤，2004）．そ
のほかに，植物の根を食べる根食者（root herbivores），ほかの動物を食べる捕食
者（predators）がいる．また，一部の土壌動物は土壌表層の藻類を食べるので，
これは植食者（herbivores）とよぶ．これらは分類群とは関係なくグループ分け
しているが，生物のもつさまざまな機能の一部をとりあげているだけであること
に注意が必要である．

微生物食者は，原生生物やセンチュウといった小型土壌動物や，小型節足動物
の一部を含み，土壌中で，微生物を直接選択的に食べている．微生物は，動物に
食べられることによって密度や現存量が減少するが，細菌や真菌の胞子のように
動物の消化管内を通過しても生き残ったり，動物の体表に付着したりして土壌内

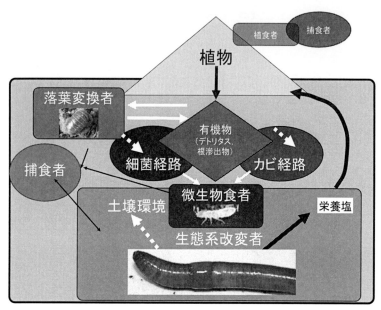

図 1.6 土壌動物のおもな生態学的機能群とその関係（金子, 2007）

を移動することが可能になる．動物による微生物の選択的な摂食は，微生物群集の組成を変化させたり，菌糸の形態を変化させたりする．

　落葉変換者は，節足動物やヒメミミズなどを含み，落葉を直接食べている．このとき，落葉に付着した微生物は動物による餌の選択性を左右している．動物が落葉を食べる際には口器や消化管で落葉が破砕され，表面積が増加する．消化管内では消化管内微生物が有機物を消化するが，動物から排泄された後も糞の中で微生物による分解が進行する．表面積の増加は細菌による有機物の利用効率を上昇させるが，消化管の通過は真菌類の菌糸を破壊する．したがって，糞となった有機物中では，動物の摂食がない場合に比べてより細菌の活動が盛んになる．

　生態系改変者という機能群の分類は，前に述べた餌による2つの分類とは異なるが，ミミズやシロアリのような動物を指す．すでに述べたようにミミズやシロアリは，落葉や枯死材，そして土壌を食べている．これらの動物は，土壌中に坑道を掘ったり，糞や巣を作ったりすることで土壌構造を物理的に大きく改変している．ミミズの糞団粒中では，ミミズからの排泄直後は微生物の活性が高く，ア

ンモニア態の窒素濃度がまわりの土より高い．アンモニア態窒素は急速に硝化されて，それにともなって pH が低下する．ただし，この変化はヒトツモンミミズの場合，4週間程度まで進行し，およそ半分が硝化され，その後変化が少なくなった（Kawaguchi *et al.*, 2011）．糞団粒の内部と外部では微生物の種組成が異なっており，微生物にとって多様な棲息場所を提供していることがわかる．ミミズの除去によって森林土壌の表層の Ca 濃度が低下したり，pH が低下したりすることから，ミミズの摂食活動による糞の供給が土壌表層の栄養塩や窒素無機化を動的に一定の状態に維持しているといえる．また，ミミズの坑道は降雨時に雨水の移動経路となり，それにともない物質の移動が起こる．

　大きさと機能群の関係を整理すると（表 1.2），小型土壌動物は落葉変換者と生態系改変者を欠き，巨大土壌動物は捕食性動物しかいない．寄生性動物は，小型と中型の土壌動物だけであり，センチュウやダニ類が幅広い機能群を含む動物であることがわかる．

　土壌生態系は植物の根，微生物と土壌動物を含む複雑な系であり，多様な機能をもつ．生態系は全体として多様な機能を発揮するが，その程度は生態系の状態によって異なる．生態系の多機能性の評価は，生態系の価値付けを行い，保全や活用を行うための基本的な手順になりつつある．

表 1.2　主要な土壌動物群の大きさと機能群の関係

大きさ ＼ 機能群	微生物食者	落葉変換者	生態系改変者	捕食者	植物食者	寄生者
小型 土壌動物	センチュウ 原生生物 ワムシ			センチュウ	センチュウ	センチュウ
中型 土壌動物	トビムシ ダニ類	トビムシ ダニ類 ヒメミミズ	ササラダニ ヒメミミズ	ダニ類 カニムシ	トビムシ ダニ類	ダニ類
大型 土壌動物	コウチュウ	ヤスデ 等脚類	ミミズ アリ シロアリ	ムカデ ハサミムシ クモ類 コウチュウ コウチュウ幼虫	コウチュウ幼虫 セミ幼虫	
巨大 土壌動物				モグラ		

表1.3 世界の主要なバイオームにおける重要な土壌動物群の現存量の推定 (Petersen and Luxton, 1982)

分類群	バイオーム	ツンドラ tundra	温帯草原 temperate grassland	熱帯草原 tropical grassland	温帯針葉樹林 temperate coniferous forest	温帯落葉樹林（モル土壌）temperate deciduous forest (mor)	温帯落葉樹林（ムル土壌）temperate deciduous forest (mull)	熱帯林 tropical forest
原生生物	Protista			（全体を通して200程度）				
センチュウ	Nematode	160	440	(50)*	120	330		(50)
ヒメミミズ	Enchytraeidae	1800	330	(20)	480	430		(20)*
トビムシ	Collembola	150	90	(10)	80	(130)	110	(20)
ササラダニ	Cryptostigmata	60	110	(20)	450	(700)	180	—
中気門ダニ	Mesostigmata	20	(60)	(10)	(80)	40		—
前気門ダニ	Prostigmata	10	(40)	(50)	(30)	(10)		—
ダニ類（全体）	Acari (in toto)	90	(120)	(80)	500	(900)	(300)	(100)
大型ミミズ（消化管内物抜き）	Large Oligochaeta (empty gut)	330	3100**	170	450	200	5300	340
ヤスデ綱	Diplopoda	(-0)*	1000	(10)	50	420		20
ハエ綱幼虫	Diptera larave	470	60	(10)	260	330		(-0)
シロアリ目	Isoptera	0	(-0)	~1000	0	0		(1000)
ムカデ綱	Chilopoda	(20)	140	(5)	70	130		5
ハネカクシ	Staphylinidae	(50)	(80)	(10)*	120	90		(10)*
クモ類	Aranaea	10	(30)	(30)	50	40		20
腹足類		(-0)*	(100)*	(10)*	(20)	270		(10)
アリ類		(-0)*	100	(300)	(10)	(10)		(30)
合計	Total	3300	5800	1900	2400	3500	8000	1800

*はデータがない上での推定. **は北米のプレーリーサイトのデータを除く.
括弧内の数値は5以上の個別の推定値の中央値を示す. 括弧内の数値は5未満の値を除く. 仮の値である. 単位は1m²あたりのmg乾燥重.

1.6 ハビタットと多様性の関係, 分布

　世界中のさまざまなバイオーム（生物群系）における土壌動物の個体数密度と現存量をまとめると, 表1.3のようになる. ここでは, ツンドラ, 温帯草原, 熱帯草原, 温帯針葉樹林, 温帯落葉樹林（モル（mor）型とムル（mull）型）, そして, 熱帯林に分けている. ツンドラでは原生生物や小型土壌動物が多いが, シロアリやミミズのような大型土壌動物は温帯林に比べると少ない. 一方, 温帯林や温帯草原, 熱帯林では, ミミズやその他の大型土壌動物が多く棲息しており, 熱帯ではシロアリがとくに増加する. しかし, シロアリやアリは社会性昆虫であり, サンプリングの際にそれらの巣を含むかどうかが密度の推定値に影響するので, 面積あたりの現存量を正確に求めるのは難しい. 温帯落葉樹林のムル型とモル型土壌はトビムシ, ダニ類とミミズがそれぞれ個別に推定されていて, 両者の違いはトビムシとダニ類がモル土壌で多く, ミミズがムル土壌で多い点である.

　現存量の合計をバイオーム間で比較すると, 熱帯林はほかのバイオームに比べると少なく, 温帯草原や温帯林のムル土壌で多いことがわかる. これらの土壌ではとくにミミズが現存量の多くの割合を占めている.

　一般に土壌動物は土壌表層ほど棲息密度が高く, 深くなるにつれて密度が減少する. これは植物から供給される落葉, 落枝といったデトリタスや根の分布が土壌表層に集中しており, 餌資源が偏在していることを反映している. 土壌微生物も動物も土壌を数m掘ったところでも棲息しているが, 土壌生物と植物の関係を考える上では, 植物の根の主要な部分が分布する範囲である30〜50cm程度を対象とするべきである. 　　　　　　　　　　　　　　　　　　　　　　　　　　　金子信博

2

原 生 生 物

　分子遺伝学的情報に基づけば，分類群としての原生動物界という言葉は，現在意味をなさない（図 2.1）．真核生物の高次分類体系は，真核単細胞生物という意味での原生動物と微細藻類（あわせて原生生物）の多様性が担っている．近年見直されている原生生物の土壌生態系での役割（Geisen *et al.*, 2017）を説明するときにも，現場での野外調査やデータのまとめにも，原生動物という言葉は便利であるし，同様に，分類学的に意味をなさない多系統群の裸アメーバ，有殻アメーバ，鞭毛虫という言葉も便利である．しかし，いずれ改められる必要がある．

2.1　原生生物の最新の分類体系

2.1.1　ドメイン説と真核生物の分類体系

　真核生物は単に核膜で隔てられている核をもつ生物というだけではなく，原核生物（核をもたない生物）とは，細胞の大きさ，細胞分裂の様式などいくつもの相違点があげられる（たとえば，井上，2007）．

　生物全体（原核生物＋真核生物）について Woese *et al.*（1990）は，リボソーム遺伝子の配列に基づいて，ドメイン（domain）を提案し，界（kingdom）の上位に位置する最も高い階級と位置付け，生物を 3 つのドメインに分けた．生物の多様性は原核生物が担っており，真核生物の多様性はそれに比べれば 1 つのクラスターにすぎないという主張である．

　このドメイン説に基づけば，原核生物としての真正細菌（Bacteria，バクテリア）と，アーキア（アーケア，Archaea．かつては古細菌とよばれた）は，それぞれ 1 つずつのドメインを形成し，真核生物（Eucarya，ユーカリヤ）は，たった 1 つのドメインにまとまる．合計 3 つのドメインのうち，アーキアと真核生物の転写翻訳機構がよく似ているなどの共通点があるため，両者の近縁関係に注目

が向けられた（島野，2010）.

　同じことが，現在の真核生物（原生生物）の分類体系（Adl *et al.*, 2012）にも
いえる．生命が誕生して，長い時間は原核生物として進化してきた．また，真核
生物が出現してから，多細胞生物が出現するまでの間には，さらに長い時間が流
れた．遺伝子でみる限り真核生物の多様性は，原生生物が担っている（島野，2010；
2017）．生物6界説でいう植物界，動物界，そして菌界はこれらの体系の中に内包
されるからである．原生生物の進化の歴史からみれば，動物界と菌界もオピスト
コンタという1つのクラスターにすぎない．また，（植物界のうち）高等植物は，
アーケプラスチダに内包される（後述，Adl *et al.*, 2005；2012）.

2.1.2　真核生物（原生生物）の高次分類体系

「真核生物の高次分類は，現在どのような体系に従えばよいのか」という質問に
対し，答えは現在でも2通りが考えられる（島野，2017の一部を改変）．1つの答
えはCavalier-Smith（1998）が提唱した生物6界説かもしれない．生物6界説は，
動物界，植物界，菌界，クロミスタ界，原生動物界，細菌界（モネラ界）から成
り立っている（後述）．日常で一般的に用いられる動物・植物などの言葉に対応す
るなどの実用性（島野，2010）から考えると，生物6界説は必要である．3000人
以上の分類学者が関与している140以上の分類学データベースから情報が提供さ
れ，約160万種を含む全生物のチェックリストが，データベースCatalogue of Life
（CoL；http://www.catalogueoflife.org/annual-checklist/2016/）から作成されて
いる．このデータベースは，Species 2000とITIS（Integrated Taxonomic Infor-
mation System）によって構築されている．この作成者とユーザーのためにRug-
giero *et al.*（2015）は，全生物の体系を整理した（図2.1）．この体系では，細菌界
が真正細菌界とアーキア界に分けられたために全生物が7界となっているもの
の，基本的に真核生物の体系は生物6界説と同じである．

　一方，もう1つの答えは，2005年に提案された「界」という言葉を使わないス
ーパーグループ（supergroup）による真核生物の体系（Adl *et al.*, 2005；2012）で
ある．スーパーグループは，現在，「界」と同義に使われることもある．Adl *et al.*
（2005）の提案では，過去の高次分類体系で使用された分類群の名称のオーサーシ
ップが明確にされ，その名称が指すタクソンと（リンネ式階層分類体系には従っ
ていないが）分類階級が再定義された．しかし，国際動物命名規約と国際植物命

第2章 原生生物

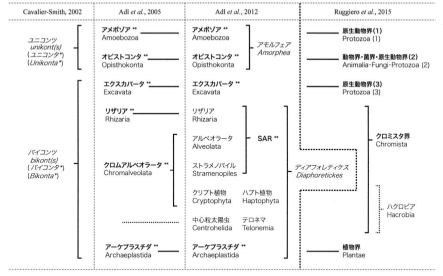

図2.1 真核生物の分類体系の比較
斜字体は，真核生物を大きく2つに分けるグループを示す（Cavalier-Smith, 2002）．＊この名前は広く用いられているが，正式な分類群名として提唱されてはいない．太字体は，スーパーグループあるいは界を示す．＊＊はスーパーグループを示す．（ ）内の数字は，Ruggiero et al.（2015）の原生動物界が，Adl et al.（2012）では3つに分割されることを示す（島野, 2017）．

名規約（現 国際藻類・菌類・植物命名規約）のどちらにも従うことはできなかった（Adl et al., 2007）．なぜなら，原生生物においては，研究成果の蓄積しだいでは，タクソンそのものの分類階級（rank）が変化するため，階級を恒常的に定めることができないからである（島野, 2010）．

Adl et al.（2005）は，スーパーグループという分類カテゴリーを提案したが，スーパーグループが内包する階層を，門や綱などの代わりに，First rank, Second rank などとした（本文中には Second rank までの名称の記述のみで，それ以下の名称は言及されていない）．それぞれの階層は分類学的な意味はもたない．また，この2つの階層には，さらなる混乱を避けるため従来の分類群名が直接用いられたが，属名が First rank としてあげられる場合もあり，階層の整理は将来的な分類体系の再構築の機会にゆだねられたのであった．これは，Adl et al.（2012）でも継承されている．

たとえば，完系統群であるとされているグロミア（*Gromia*）は属名であるにも

かかわらず，スーパーグループであるリザリアの1つ下の階級 First rank に位置していた（Adl *et al.*, 2005）．その後，Adl *et al.* (2012) では，ランクはもう2つ下の階級（Third rank とでもいうべきか）になった（SAR，リザリア．ケルコゾアに所属）．これらは暫定的な処置であり，今後の研究の進展しだいでは，グロミアの分類階級はさらに変化しうるともいえる．

さて，生物6界説のうち動物界や植物界は，リンネ式の体系（リンネ式階層分類体系）として，生物の体系が考えられた初期段階（1753, 1758年）から設立されている．250年にもわたってリンネ式の体系に慣れ親しんだユーザーは，植物界，動物界そして菌界も，簡単には捨てられない．この立場をとっているのが，Ruggiero *et al.* (2015) である．

しかし，生命，とくに真核生物の約23億年の歴史からみれば，単細胞生物からの多細胞化は後になって起きたのであり，その多細胞生物が動物界や植物界を構成している．したがって，生物6界説に基づく体系は，分子遺伝学的情報に基づいた真核生物全体の系統樹，あるいは，細胞生物学的情報とはまったく整合性がとれないのも事実である．

そこで，分子遺伝学的情報や細胞生物学的情報に，忠実に真核生物全体の体系を作ろうという立場に基づいているのが Adl *et al.* (2012) である．この2つの体系の大きな違いを図2.1に示した．リンネ式の体系を保持する Ruggiero *et al.* (2015) の動物界は，Adl *et al.* (2012) では，菌界と原生動物界の一部とともに，オピストコンタに所属する．同様に，原生生物界は3つにわかれて，残りの2つは，アメボゾア（またはアメーボゾア）とエクスカバータを構成する．クロミスタ界は，SAR と ハクロビア（Hacrobia）から構成される．植物界はアーケプラスチダに該当する．

リンネ式の体系と，分子系統に基づく Adl *et al.* (2012) などの体系について，どちらを採用すべきかという疑問が呈されることもあるが，どちらか一方のみを選ぶということではなく，体系は，用途によって使い分けられるべきかもしれない．

ただし，Ruggiero *et al.* (2015) の体系のクロミスタ界という分類群（Cavalier-Smith, 1998）は，現在では分子遺伝学的情報による裏付けがなく意味をなさない．つまり，ユーザーが慣れ親しんだという理由で，「植物界」を作り出すために，生物6界説を持ち出し，恣意的に再登場した分類単位である．分子遺伝学的情報に

基づけば，「植物界」（ここではアーケプラスチダ，高等植物の意味）とともに，ディアフォレティケスという単系統の分類群に含まれているため，互いに切り離すことができない．また，「植物界」という用語は本来，いわゆる微細藻類を含む分類群であり，高等植物などの意味で用いられるべきでないことが，植物学側から強く指摘されている．

2.2 土壌原生生物の多様性と現存量

2.2.1 生態学で操作単位として扱われる分類群

2.1 節では，原生生物（真核生物）の体系をまとめたが，実際に土壌生態学では操作単位としては，見た目による呼称を慣例的に使っている．計数法は，直接検鏡法や MPN（most probable number，最確値）法などがあるが（島野，2009），状態が変化しないと仮定した一定時間内に，多くの原生生物を数えなければならず，高倍率でそれぞれの細胞を同定しながら数えるのは容易ではなく，事実上不可能であったためである．土壌に棲息する原生生物の操作単位として生態学で扱われる分類単位に，①裸アメーバ，②有殻アメーバ，③鞭毛虫，④繊毛虫がある．この中で現在の分類体系と合致し，かつ単系統であるものは繊毛虫（④）だけで，それ以外のものは，分類体系には基づかない多くの分類群を含んでいる（多系統群）．ほかに，⑤細胞性粘菌・変形菌（この分類群も多系統群）が棲息している．（概要は Foissner, 1999 に従った）．

① 裸アメーバ類

土壌から出現する裸アメーバの大部分はアメボゾアおよびヘテロロボセア（エクスカバータ）に所属する．土壌棲息性のもので記録されたものは 60 種程度といわれているが，実際にはもっと種数は多く，その中身は著しく多系統化している．土壌間隙に棲息するため，ほとんどの土壌棲息性の裸アメーバはかなり小さい（30 μm 以下）．通常，裸アメーバには，とくに変形菌（粘菌）類などは含んでいない．乾燥土壌 1 g あたり 2000〜200 万個体という棲息密度の高さから，土壌生態系の中では最も重要な生物群の 1 つだと考えられている（島野，2007）．

② 有殻アメーバ類（殻をもつアメーバ）

有殻葉状根足虫（アメボゾア）と有殻糸状根足虫（リザリア）に分かれる．ただし，有殻糸状根足虫のうち，湿原のミズゴケ環境から出現する有殻糸状根足虫

アンフィトレマ（*Amphitrema* 属）は 3 つ目の分類群で，ストラメノパイルに所属する．殻自身はアメーバの分泌物または，鉱物の粒子などで構成されている（自分自身がムコタンパク質やケイ素などの成分を用いて分泌物で殻を作るものをIdiosome 類，一方，周囲の砂の鉱物やケイ藻などの材料で殻を作るものを Xenosome 類という）．

　これまでに土壌棲息性の有殻アメーバは約 300 種が記録され，さらに各々には多くのバリエーション（変種）が記録されている（Foissner, 1987）．鉱物質の土壌では乾燥土壌 1 g あたり 100～1000 個体，森林の落葉では乾燥土壌 1 g あたり 1万～10 万個体が棲息しているといわれている（Foissner, 1999）．

　森林土壌において，植物から落葉落枝として土壌に供給される量と同程度のバイオシリカ量を，基本的に有殻アメーバがプールし，短いライフスタイルで環境中に放出するとともに，活発な増殖量によって再びプールするという循環を行っている（Aoki *et al.*, 2007；青木, 2007）．

　③　鞭毛虫類

　土壌から 260 種が記録されている．ほとんどは淡水湖沼から新種として記載されてきたが，土壌からも同様に新種が記載されている．鞭毛虫は，裸アメーバ以上に多系統性である．そして同様に，その個体数の多さから重要な生物群の 1 つである．乾燥土壌 1 g あたり 0～100 万個体が棲息しており（Foissner, 1999），Hattori（1988）は，1～2 mm のサイズの土壌団粒の 80％から鞭毛虫類を分離できることを報告した．

　④　繊毛虫類

　土壌種は少なくとも 2000 種は棲息しており，その 70％は記載されていないという．土壌繊毛虫は細菌食性（39％），捕食性（34％），雑食性（20％），そして稀に菌食のものがいる（Foissner, 1999）．嫌気性のものもおり，*Metopus* 属は，メタン生成菌の共生が報告されている（Murase and Frenzel, 2007）．乾燥土壌 1 gあたり 1 万個体（Foissner, 1999）から 1 万 8000 個体（Hattori, 1992）が棲息しているが，多くは休眠体（cyst，シスト，囊子）として棲息している．たとえば，草地や耕地の土壌表面団粒を観察して確認できる個体数は，土壌 1 g あたり 100個体程度か，それ以下である（Foissner, 1987）．

表 2.1 土壌原生生物群の特性

	土壌団粒との状態	分類同定	計数法	指標生物としての使用
①裸アメーバ	固着が強い	難しい	MPN 法 直接検鏡法	難しい
②有殻アメーバ	比較的分離しやすい	比較的，同定は可能	直接検鏡法 MPN 法	適している
③鞭毛虫類	固着が強い	難しい	MPN 法	難しい
④繊毛虫類	比較的分離しやすい	難しいが，同定できる	直接検鏡法 MPN 法	適している

2.2.2　原生生物の計数法と現存量

原生生物の各々のグループに適切な計数法と，あわせて指標性への適正さ (Foissner, 1999 など) を表 2.1 に示した．土壌原生生物の特徴として通常は休眠体の状態で，土壌中に棲息して乾燥などに耐えており，その一部の好適な環境になったものが，土壌粒子の間隙水中で活動体 (active form) になる.

主として活動体を計数する方法として，(1) 直接検鏡法，またその中でも，(1-1) 可視光による直接検鏡法，(1-2) 密度勾配遠心法，(1-3) 超音波法などがあり，他方，土壌に含まれる全原生生物数 (おもに休眠体，活動体も含め) を計数する方法として，(2) MPN 法がある.

裸アメーバや鞭毛虫は，体長 (細胞の大きさ) が非常に小さく，しかも土壌粒子にしっかりと固着しているので直接検鏡法は適用しない方がよい (Foissner, 1999)．現在のところ，裸アメーバ類と鞭毛虫類は，直接検鏡法を用いることは適当でなく MPN 法を用いるべきであるとされている．Adl *et al.* (2007) は，低栄養培地上に静置した団粒から這い出してくる裸アメーバの計数法を提案している.

MPN 法による推定は，やはり一般的ではあるが，顕微鏡下で可視光によって土壌団粒から泳ぎ出す生細胞を計数するという作業は，大変に時間と労力がかかる．可視光下で，培養液中を泳いでいる，あるいは，培養器を動いている生細胞 (活動体) のみを計数する．休眠体のままでは，どの原生生物なのか正確な同定ができないのと，休眠体では見落とす可能性が大きいためである.

Vargas and Hattori (1990) も，可視光下で MPN 法を用いた．乾燥土壌 1 g (大人の小指の先ほどの体積) には，アメーバが約 12 万 3000 細胞，鞭毛虫類が約 2

万 7300 細胞，そして，繊毛虫類は約 3 万 9400 細胞，全部あわせると 1gの乾燥土壌の中には原生生物の細胞が約 17 万細胞（個体数；原生生物の場合，単細胞生物なので，通常は細胞数という）存在すると推定された．

ここで計数された細胞数の多くは休眠体として土壌環境に棲息していると考えられる．土壌団粒構造の孔と原生生物の活動や，移動について図 2.2 に示した．たとえば Foissner（1987）は，草地や耕地の土壌表面団粒を採取してすぐに直接，可視光下で観察しても，実際に確認できる活動体の個体数は，土壌 1g あたり 100 個体程度か，それ以下であるという．現在のところ，土壌中の原生生物細胞の何 % が活動体で，残りの何 % がシストなのかを明確にした例はない．

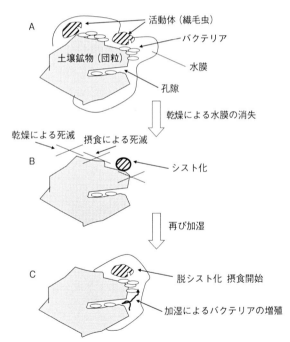

図 2.2　乾燥と加湿による土壌団粒上での原生生物（繊毛虫類）とバクテリアの関係（Hattori, 1994；Adl, 2007 より作成，島野, 2009）
A：土壌鉱物，または団粒上が十分に加湿され水膜に覆われているときには，繊毛虫類は増殖したバクテリアを摂食する．孔隙以外のバクテリアは摂食される．B：乾燥により水膜が消失した場合には，タイミングよくシスト化できた繊毛虫は生き残ることができる．バクテリアは孔隙中で生き残る．C：再び加湿状態になり水膜ができるとバクテリアが増殖し，孔隙中から増殖と水膜の動きにより外部環境へバクテリアが供給され，再び繊毛虫は脱シストして摂食を開始する．

22　　　　　　　　　　　第2章　原　生　生　物

　土壌繊毛虫で，r戦略をとる代表の*Colpoda*属では，原生生物が休眠体から活
動体に，あるいは，活動体から休眠体に変化するのは数時間から24時間であり，
ほかの土壌動物の個体数と原生生物の個体数を同じように捉えるのが難しい．降
水前後では原生生物からみた土壌環境はまったくといってよいほど違い，雨が降
ると土壌中の*Colpoda*属は，休眠体から活動体にすみやかに移行する．

　不耕起畑では原生生物は50 kg/ha もの量が棲息しており（主に裸アメーバ），
微生物を除いた土壌生物で最も多いことが推定されている（Coleman *et al.*,
2004）．この量はミミズ類（ヒメミミズを除く）とほぼ同等か，むしろそれよりも
多い．原生生物の土壌生態系での役割の重要性が推し量られる．おもしろいこと
に原生生物は，土壌動物としてバイオマスのかなりの部分を占めるミミズ類の栄
養・成長に重要な役割を担っていることも知られている（Bonkowski and Schae-
fer, 1996 など）．

2.2.3　MPN 法（最確値法）

　現在，土壌において原生生物の計数に用いられているMPN法は，微生物分野
から原生生物分野に応用された推定法である．培地を入れた多数の試験管，また
は現在では96穴マルチウエルなどに土壌希釈液を一定量ずつ接種して一定期間
培養した後に，原生生物の存在の有無を倒立光学顕微鏡のもとで判定計数し，統
計処理により棲息数を推定する．MPN法は現在のところ原生生物の現存量の推
定には欠くことのできない手法である．

　具体的に原生生物のMPN法を説明してみよう．図2.3にMPN法による計数手
順を示した（島野，2009）．まず，推定計算は最終的にMPN表（石栗，1992）を用
いるため，希釈系列と反復数をデザインする．倒立顕微鏡下において目視で細胞
の有無を確認するため96穴ウエルなどのプレートが望ましい．MPN法で棲息数
を推定するには，通常は5段階程度（図では9段階＝10^9希釈）の土壌希釈液を
用意する（図2.3 (3)）．培養した中から段階の低いほうから生育の認められない
希釈を含む3段階の結果を用いる．図2.3 (6) では，実際に倒立顕微鏡で，1個体
でも原生生物の姿を確認すれば，そのウエルは存在の確認ができたとする（黒色
のウエル）．重要なのは，存在するかしないかという確率の計算であるため，2個
体以上確認できても同様に確認できた（黒色）ということに変わりはない．次に
確認できたウエルの数を用いて計数を行う（図2.3 (7)）．10倍希釈で5反復の実

2.2 土壌原生生物の多様性と現存量

(1) MPN 表(石栗,1992)をみて反復の回数と希釈系列を決める(例:10倍希釈,5連(反復))
(2) 96穴マルチウエルの一部を使用する

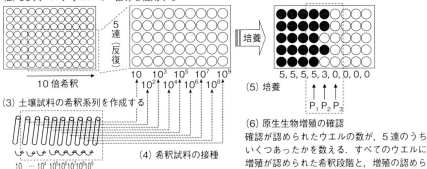

(3) 土壌試料の希釈系列を作成する
(4) 希釈試料の接種
(5) 培養
(6) 原生生物増殖の確認
確認が認められたウエルの数が,5連のうちいくつあったかを数える.すべてのウエルに増殖が認められた希釈段階と,増殖の認められないウエルの移行部分を P_1, P_2, P_3 として選び出す.

(7) MPN 表による計算
P_1, P_2, P_3 は,ここでは (5, 3, 0) なので,MPN 表をみると,0.79 となるので,P_2 の希釈倍数 10^5 をかけて乾土に換算する.生土 10g(乾土 8g)を用いていたとすると,$0.79×10^5×(10/8) = 0.99×10^5$.したがって,この乾土 1g あたりの繊毛虫の棲息数は $9.9×10^4$(9万 9000 個体)である.

図 2.3 MPN 法による計数手順(島野,2009)

験を行った結果のうち 10^4, 10^5, 10^6 希釈までの 3 段階を選び(それぞれを P_1, P_2, P_3 とする),希釈次数の低いものから順に生育の認められるウエル数が 5 個,3 個,0 個となったとする.いくつかある MPN 表から 10 倍希釈,5 連の場合の表を選び,表中から P_1-P_2-P_3=5-3-0 を選択すると,0.79 という値が書かれている.この値に P_2 の希釈次数(10^5)をかけ,生土 1g あたりの菌数は $7.9×10^4$ という答えを得る.生土から乾土 1g あたりに換算して 9 万 9000 個体という結果が最終的に得られる.

a. 計数方法の問題

MPN 法を用いたこれまでの報告では,たとえば繊毛虫門という分類学上は 1 つの門(phylum)を形成するような大きな分類単位でも,繊毛虫類と一括して現存量を推定してきた.そのため,仮に同じウエルに異なる種類の繊毛虫がいたとしても,これを数え直すことはしない.種類はなんでもよいので繊毛虫類が見つかれば,そのウエルを確認できた(黒色)としてしまう.図 2.4 左図は,従来の MPN 法である.多種多様な繊毛虫門に含まれる複数の種類を 1 つとして数えてきた.

これに対し,従来の MPN 法では過小評価の可能性が高いとして,高橋他(2006)は,すべての繊毛虫類を種レベルで同定しながら,MPN 法と同様の操作を行う

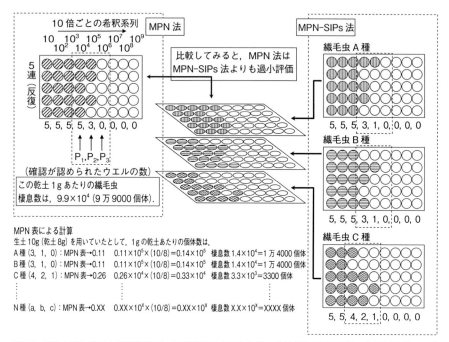

図 2.4 MPN-SIPs法による計数手順と，MPN法による原生生物の計測が過小評価を起こす理由（島野，2009）

方法を提案した（図2.4右図）．この方法はMPN-SIPs法（most probable number with species identification and population size estimation）と名付けられた．高橋他（2006）は，原生生物のうち繊毛虫類に限定し，特定の4処理区の圃場について2年間にわたって土壌繊毛虫の棲息数の推定を試みた．その結果，個別の種類ごとには，当然棲息していると推定される個体数の確率は減少するが，通常の畑土壌では，十〜数十種類は出現するため，A，B，C，…N種というように種数を積み上げていくと，これまで推定されていた通常のMPN法（Vargas and Hattori, 1990）の値を10倍程度も上回った（島野，2009）．

b. 培養するために用いる餌

通常のMPN法では，96穴マルチウエルに餌を入れて培養し，原生生物を脱シスト化し活動体を計測する．しかし，餌として培地に混入する細菌の種類が，大腸菌などの均一の種を用いることが通常である．これは，原生生物の食性の多様性を考慮に入れていないことになる．つまり，摂食する細菌の好みや，原生生物

の体の大きさと食べられる細菌の大きさには相関がある（Fenchel, 1980）．餌として培地に混入する細菌の種類などにより原生生物の成長を制限しているという観点から，推定される棲息個体数を過小評価していると考えられる（Foissner, 1999）．

c. 培養液の組成

通常の MPN 法では，96 穴マルチウエルに，蒸留水で土壌希釈をしたものを用い，ここに餌を入れて培養する．しかし，Griffiths *et al.* (1992) は，均一な塩濃度になるように modified Neff's アメーバ溶液などの使用を提案し，良好な結果が得られたことを報告した．しかし，土壌滲出液を含むさまざまな培地と餌となる細菌が検討されたが，従属栄養型の鞭毛虫についてはさらなる改良が必要であった(Rønn, *et al.*, 1995)．このように土壌原生生物の現存量推定に用いられる MPN 法は，まだまだ改良の余地があるといえる．

2.2.4 分子生物学的手法を用いた群集構造の解析

a. 原生生物のシングルセル PCR 法

原生生物は個体（細胞という）が非常に小さく（0.01〜0.5 mm），かつ単細胞生物のため DNA 含量も非常に少ない．複数個体を集めて DNA を抽出する方法もあるが，光学顕微鏡下で同定がきわめて難しく，複数個体を集めるとほかの種が混じってしまう可能性を回避できない．このため今日では，野外の原生生物については，1 個体（1 細胞）をもとに PCR を行うシングルセル PCR 法が一般的な方法である（Pawlowski *et al.*, 2012）．筆者らは，SSU rRNA 遺伝子（核リボゾーム 18S 様遺伝子）をターゲットに，繊毛虫特異的プライマーを作成し（CS322F：GATGGTAGTGTATTGGAC），これを用いて形態情報と遺伝情報の両方を得るシングルセル PCR 法（Shimano *et al.*, 2008）を開発した．本法はデータベースに役立てられ，また，個体の形態証拠に基づいて遺伝情報が得られることから，分類学的研究として新種の記載などにも利用された．

b. 環境 DNA に基づく土壌繊毛虫類の多様性解析

環境 DNA に基づく分子生物学的手法によって，さまざまなハビタットに棲息する原生生物の存在が報告されている．初期には，海や淡水，そして土壌などからの報告があったが，いずれも真核生物用のユニバーサルプライマーを用いた報告である．

次世代シークエンサーの利用が可能になり，大量のゲノム情報を得られるようになった．原生生物は多系統で，広範囲な生物群を包括している．ほかの生物では，DNA バーコードはミトコンドリアゲノム上の *cox-1* 遺伝子など，1 領域が用いられることが多い．原生生物ではいくつかの領域が用いられる．pre-barcoding として SSU rRNA 遺伝子 V4 領域で大まかな分類を行い（あるいは次世代シークエンシングのターゲット領域に用い），さらに 2 段階目として，分類群に適した領域（ITS, *cox-1*, *rbcL* など）でバーコーディングを行うことを提唱している（図 2.5）．とくに土壌については，Adl *et al.*（2014）が土壌原生生物用に SSU rRNA 遺伝子についてのプライマー領域についての情報をまとめた．

Mahé *et al.*（2017）は，これらの方法を用いて熱帯の複数の地域の土壌環境 DNA を調べたところ，アピコンプレクサ（寄生性原生生物）が優占していることを見出した．宿主特異性の高いこれらの原生生物が熱帯土壌中で優占していることは，それまでの理解を大きく超えた結果だった．原生生物が熱帯での（多細胞以上の）動物の生物密度が高くなりすぎないようにコントロールしているのだと考えられ，世界中の土壌原生生物の研究者を驚かせた．

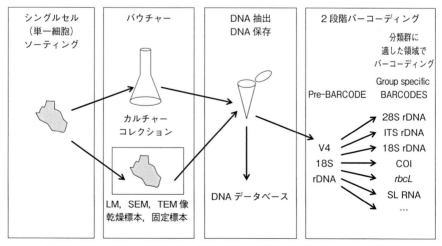

図 2.5 原生生物用の 2 段階バーコーディングのパイプライン（Pawlowski *et al.*, 2012）

2.3 植物根圏における細菌と原生生物

2.3.1 根圏における微生物ループ
a. 水圏の微生物ループ

　土壌原生生物の有効性が根圏生態系において認識された発端は，根圏での微生物ループ（microbial loop）がClarholm（1985）によって提唱されたためである．そもそも水圏における微生物ループの考え方は，海洋に端を発している．微生物ループとは，植物プランクトンが光合成中間代謝物や自己分解物として排出する溶存態有機物を分解者としての細菌が栄養基質として利用し，次にこの分解者としての細菌を原生生物が捕食し，さらに原生生物が甲殻類などの大型動物プランクトンに捕食されるという分解者からはじまる餌資源のフローが食物連鎖（網）の過程につながっていくという考え方である（中野，2015など）．水圏では，魚や甲殻類といった大きな生物による生態系が重視されてきたが，それまで単なる分解者とされていた微生物（おもにここでは細菌）が，餌資源として食物連鎖（網）のスタートに位置付けられたのである．このことによって，微生物とそれを摂食する原生生物との二者には，分解者としての役割と，微生物ループとしての物質循環における資源生産者の役割という2つの側面が与えられることになった．

　さて，根圏の微生物ループはどうだろう．Clarholm（1985）は作物の窒素の利用に関する原生生物の効果を示す中で，根圏における微生物ループという概念の提案を行った．原生生物の機能として，より理解しやすい微生物ループであるが，土壌，とくに根圏においてのこの考え方は，やはり同時に分解者としての役割と，物質循環における資源生産者の役割との2つの側面をもっている．しかし，水圏とは異なり，捕食者として大型の土壌動物のような高次の捕食者につながっていくという食物連鎖（網）ではなく，捕食者の動物を，植物に置きかえて，植物への物質循環概念として，根圏の微生物ループが提案された（島野，2002；2007）．

b. 根と微生物，そして，原生生物

　土壌細菌は，植物の利用できない資源（たとえば有機態リン）を細胞外酵素（酸性フォスフォターゼ）により，植物が利用できる形（無機態のリン酸）に変えることにより，植物にもこれらの資源を使えるようにしている．この場合，根の分泌物によって細菌が活性化し，根への養分吸収の増大が起きる．つまり，根（植

物）と細菌の相利共生の関係が想定されている.

　原生生物の存在によって，環境中へバクテリア由来の栄養の解放が促進されることを考えてみよう．原生生物はバクテリアを捕食するが，バクテリア細胞すべてが，原生生物の体内だけで消費されるエネルギーとなるわけではない．原生生物は一般に，吸収した全炭素40%を取り込み，30%を呼吸により消費し，残りの30%を排出する．したがって捕食者と被食者のC:N比が同じ程度であれば，窒素については，摂食されたバクテリア細胞に含まれる窒素成分の40%が消費され，残りの60%が環境に排出されることになる（Griffiths, 1994）．この場合バクテリア細胞に蓄積された窒素が，原生生物の捕食・排出によって環境に再び還元され，それが根に吸収される養分供給量を増やすと考えられる.

　植物やほかの土壌細菌などとの競合があるものの，顕著なときには原生生物の捕食活動によりバクテリア由来の窒素成分の植物への吸収量は64%増加したという（Kuikman and van Veen, 1989）．つまり，このループは細菌だけでも成り立つが，原生生物がかかわっていることによって，細菌に由来する無機態窒素が植物に供給されやすくなり，植物にとってはより利益が増す．根圏の微生物ループの提案は，この考え方を一歩進めて，物質循環系としているのである.

c. 根圏における微生物ループ

　微生物ループを応用したClarholm（1985）による根圏における微生物ループは，まず根からの炭素源の分泌にはじまる．①通常，土壌中に存在する有機物表面に吸着した細菌は，炭素源が制限されているために増殖しない状態にある．次に，その空間に植物根の伸張が行われるとする．根の伸張にともなう根と土壌の摩擦抵抗を減少させるために，植物根の先端部分からは，多糖類が分泌され，また根の細胞が剥離している．これらは易分解性炭素源として常に周囲の環境中に供給されるため，これらにより細菌は活性化し再び増殖を開始する．②増殖の過程において細菌は土壌有機物を無機化して菌体窒素として取り込む．③増殖した細菌は二酸化炭素を出すため原生生物がそれに誘引される．④原生生物の捕食活動により，餌の細菌に由来する無機態窒素が，微生物が増殖した場所に，いいかえれば，根の分泌物などが供給された根の表面付近に供給される．このため植物根は，原生生物の存在により効率的に細菌由来の窒素を吸収することができる．（原生生物と糸状菌の関係については，Clarholm（1994）を参照のこと）.

2.3.2 原生生物の間接的役割

Darbyshire (1972) によれば，土壌に普通にみられる繊毛虫の一種 (*Colpoda steinii*) の捕食圧によって *Azotobacter chroococcum* の菌密度は減少したが，窒素固定能は増加したという．また，Verhagen *et al.* (1993) によれば，鞭毛虫類の捕食圧下で *Nitrosomonas europaea, Nitrobacter winogradski* の細胞あたりの硝化活性が4～5倍増加したという．原生生物の存在が細菌の活性に影響を与えるという現象は，水圏の微生物ループではあまり触れられていない．しかし，これらの機能を Griffiths (1989) は原生生物の間接的役割とよび，説明に用いたことから広く知られるようになった（島野，2002）．

2.3.3 根圏の植物ホルモンループ

多くの土壌微生物は生物生長物質を生産しているが，Lebhun *et al.* (1994) によれば土壌の再湿潤後のトリプトファン（オーキシンの前駆物質）濃度の増加の原因の1つは，原生生物がバクテリアを摂食することによる（バクテリア体内で生産された）放出であるという．また，非共生バクテリアとして植物の生長を活性化する植物生育（生長）促進根圏細菌 (plant growth-promoting rhizobacteria：PGPR) の中にも，オーキシンなどを分泌するものがおり，PGPR の効果と原生生物の植物の根に及ぼす効果は似ているようである（Bonkowski *et al.*, 2000）．

これらの事例をふまえて，あるオーキシン生産細菌を単独で培養した場合と，アメーバ (*Acanthoamoeba*) と二員培養（同時に2種の生物を培養）したときでは，アメーバは95%のバクテリアの密度を減少させているにもかかわらず，二員培養溶液の上清の IAA（オーキシン）濃度は，バクテリアの単独培養と同じであった（Bonkowski and Brandt, 2002）．このことは，残りのバクテリアによる IAA の生産がアメーバによって活性化されているからであると彼らは推測している．これにより，Bonkowski and Brandt (2002) は，原生生物の間接的役割を土壌微生物からの植物への植物ホルモン様物質の供給にあてはめ，新たに植物ホルモンループという仮説モデルを提唱した（図2.6）．彼らの提唱したモデルによって，原生生物が根圏に棲息することで植物がより多くの側根を伸ばすことになり，その結果，植物バイオマスを増加させることにつながるという原生生物の存在が植物に与える効果の1つの側面を説明することができるようになった（島野，2007）．

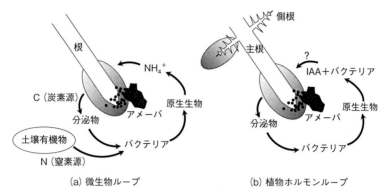

図 2.6 微生物ループ (Clarholm, 1985 より作図 (a)) と植物ホルモンループ (Bonkowski and Brandt, 2002 を改変 (b)) (島野, 2007)

最後に，原生生物の個々の種・分類群の食性についての情報が蓄積され，食物網を記述するという試みが行われている (Adl and Gupta, 2006 など)．一方，安定同位体を用いて土壌生態系での食物網についての原生生物の貢献を明らかにする試みも行われている (Jassey et al., 2012)．近いうちに，次世代シークエンサーで原生生物群集が解明され，食性の記述が加わるというように，安定同位体の情報とあわせて，原生生物の関与する食物網が明らかになっていくだろう．

島野智之

3

線　　　　　虫

　線虫（センチュウ，Nematodes）を実際にみたことがある人は少ないだろう．微小な種が多く，そもそも土壌中やほかの動植物の体内に隠れて生活しているからである．また，その体には手足や羽がなく，紐型の単純な構造で，目立った色彩もないため，世間の関心をよばない．しかし，こうした線虫達の生態系，とくに農業生態系に対するインパクトは意外に大きい．また，線虫の記載種は3万種に達し，多細胞動物の中で最も種数が多い．種数が豊富な昆虫に寄生するさまざまな線虫種がいること，昆虫があまり進出していない海洋を含めた水域や，陸域のさまざまな環境に自由生活性（free-living，以下，自活性）の種が棲息していることを考えれば，種数の多さに納得できよう．線虫種のうち，15％が動物寄生性，25％が自活性，50％が海洋性（他生物への寄生種を含む），残り10％が植物寄生性といわれている．土壌中には，海洋性以外の種が棲息している．その多くは体長0.5～2mm程度と微小で，多い場合で1gの土壌中に200匹近く棲息している．本書ではこのうち，自活性種と植物寄生性種に焦点をあて，自然環境や農耕地の土壌生態系へのインパクトとその制御法を中心に紹介する．

3.1　自活性線虫

　自活性の線虫は，利用する餌生物の種類により，細菌食性（bacterivorous），糸状菌食性（fungivorous，以下，菌食性），捕食性（predatory），雑食性（omnivorous）などの食性群（feeding group）に分けられる．食性群は口器の形態が各々特徴的なので顕微鏡観察により比較的容易に区別ができる（図3.1）．一般に細菌食性は細菌細胞を丸呑みし，菌食性は口針を菌糸に突き刺して養分を吸収する．捕食性はほかの動物に歯で噛みついたり口針を突き刺したりして摂食し，雑食性もまたほかの動物や藻類などを口針で突き刺して摂食する．食性の区別は摂食行

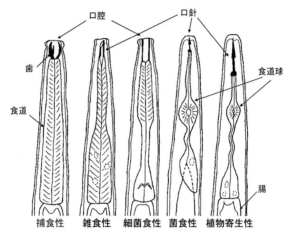

図 3.1 植物寄生性線虫（右端）と自活性線虫の前半身（岡田, 2002 を改変）

動の観察に基づいて推定した場合が多く，不明確な部分もある．しかし，土壌から採集した線虫の体内の餌生物の DNA 鑑定などにより食性が確認されつつあるので（Treonis et al., 2010），本章ではこのような区別をそのまま用いて話を進める．

3.1.1 物質循環への関与

ほかの土壌動物と同様に自活性線虫も土壌生態系における養分循環機能にかかわる．しかし，口器の形態や行動から，有機物を咀嚼により分解することはほとんどなく，有機物を分解する微生物との相互作用によるものが，自活性線虫のおもなかかわりだと考えられている．たとえば，窒素に関しては次のような実験が行われている．有機物を添加した土壌を入れた 2 つの実験系を用意し，一方には細菌のみを接種し，もう一方には細菌に加えて細菌食性線虫を接種し，一定期間に生成した無機態窒素の量を比較した（Huixin et al., 2001）．線虫を接種すると，その餌であるはずの細菌がかえって増殖し，土壌中の無機態窒素の生成量が増加した（図 3.2）．その原因は，①線虫が細菌の増殖と拡散を促し，有機物の分解が進んだ，②線虫自身がアンモニア態窒素を排出したためとされている．線虫は細菌を食べるが，その半分以上を未消化のまま（生かしたまま）排泄する．この過程で細菌は，線虫体内から特別な栄養分（成分は不明）を獲得する．また，線虫

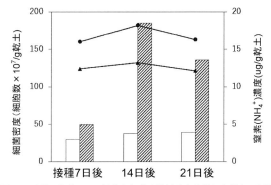

図 3.2 土壌に細菌のみ,細菌と細菌食性線虫を接種した場合の細菌密度と無機態窒素生成量の変化(Huixin *et al.*, 2001 を改変)
細菌密度:白抜き縦棒は細菌のみ,斜線縦棒は細菌+線虫.
窒素濃度:▲は細菌のみ,●は細菌+線虫.

の分泌物や排泄物にもそのような養分が含まれ,結果として細菌の増殖が盛んになる.さらに線虫は,体表や消化管内に生きた細菌を保持したまま移動するので,未分解の有機物体へ細菌を運搬することになり,細菌による有機物の分解が進む.また,植物生育(生長)促進根圏細菌(plant growth-promoting rhizobacteria:PGPR)を運搬することで植物生育を促すことも報告されている(Knox *et al.*, 2004).②については,生態学的化学量論(ecological stoichiometry)の観点から考えるとわかりやすい.すなわち,線虫体を構成する炭素と窒素との比(以下,C:N 比)は 6:1 程度で細菌体のそれ(4.5:1)より大きく,成長や生存のための窒素要求量は線虫のほうが少ない.したがって,細菌を食べた線虫は余分な窒素を排出するというわけである(Ferris *et al.*, 1997).同様のことはリンについても指摘されている.

　余分な窒素の排出は菌食性線虫についても知られているが,排出量は細菌食性線虫の場合より少ないと考えられる.なぜなら,餌の糸状菌の C:N 比は一般に 8.5:1 程度,一方,線虫のほうは 10:1 程度で,糸状菌のそれに値が近く,余分になる窒素量が少ないからである(同じ量の餌を食べた場合に排出する窒素は細菌食性線虫の 1/3 程度).ただし,菌食性線虫が糸状菌への摂食を通じて生態系内の窒素無機化パターンに影響しうることが示されている.すなわち,温度を 15℃から 29℃まで 4 段階に変えた場合の実験系における無機態窒素の生成量は,導入

した菌食性線虫の増殖適温のもとで最大になる場合があった（Okada and Ferris, 2001）．

　生態系内の無機態窒素を増加させることは，養分供給を通じて植物の生育を促すことにつながる．マツの幼苗を用いた実験では，細菌のみの試験区に比べ，細菌＋線虫の試験区ではより多くの窒素やリンがマツに吸収された（Irshad *et al.*, 2011）．細菌食性線虫は植物ホルモンを介した経路においても植物生育を促す可能性がある．土壌にトマトを定植した実験系において線虫の密度を増加させた場合，増加させない場合に比べて，トマトの根の分岐がより多くなり，根がより長くなった（Mao *et al.*, 2007）．土壌中のオーキシン（植物の生育を促すホルモンの一種）濃度の増加と微生物群集構造の変化が確認されたことから，植物根の変化の原因は，線虫による細菌群集への選択的な摂食などにより，オーキシンを生産する細菌が増加したためだと推察された．

　以上，自活性線虫がもつ養分循環機能や植物生育への影響について紹介した．この分野の課題として，こうした機能について野外でどの程度発現するか検討した事例がわずかしかないことがあげられる．例外的にFerris *et al.* (1997) は，カリフォルニアの農耕地土壌に棲息する細菌食性線虫について，発育中の炭素と窒素の収支を計算し，線虫は生涯に0.1〜0.4 μg程度の無機態窒素を排出するとした．この結果に基づき，当該圃場の根圏における細菌食性線虫群集による無機態窒素の排出を，最大で90 g/ha/月だと推定した（根圏外では最大で1.38 kg N/ha/月）．カリフォルニアのトマト畑では，早春の低温期に細菌食性線虫の増殖や活動が鈍く，無機態窒素供給機能が低いと考えられた．そこで彼らは，前年秋にカバークロップ栽培，有機物鋤き込みや灌漑などを施し，冬前に細菌食性線虫の増加を促しておくことが重要であると指摘した．有機物の鋤き込みなどにより自活性線虫が増加することは日本でも確認されているが，農業現場で自活性線虫の機能を意識した圃場管理が行われた例はほとんどないと思われる．線虫のもつ機能をより積極的に農業生産に利用する方法の開発が望まれている．

　なお最近では，地球温暖化ガス発生経路への自活性線虫のかかわりについても研究が展開されている．たとえば，土壌中の脱窒作用にかかわる遺伝子の挙動などを調べたところ，自活性線虫の存在下ではその遺伝子の数が低下し，線虫の存在下で脱窒作用が抑制される可能性が指摘された．これは関連微生物への線虫の摂食活動の影響によるものと推察された（Djigal *et al.*, 2010）．

3.1.2 ほかの相互作用

餌生物と自活性線虫との相互作用の中で注目されているほかの分野として，農林業における生物的防除がある．土壌から採取した線虫を寒天培地上で観察していると，捕食性の線虫がほかの線虫に噛みついたり口針を突き刺したりする捕食行動を行うことがある．これを利用して農業上の害虫となる植物寄生性線虫を防除しようとする研究が行われている．そのためには捕食性の線虫をある程度大量に増殖させる必要があるが，代替餌の確保などが問題となる．今世紀に入り，植物寄生性線虫のほかに細菌を餌として利用するタイプの捕食性線虫を，適当な細菌を用いて大量培養することに成功し，植物寄生性線虫に対する抑制試験が行われた（Khan and Kim, 2005）．圃場に投入された捕食性線虫が土壌中でどの程度植物寄生性線虫に遭遇しそれを摂食するかは不明であるが，餌の線虫が高密度で棲息する場合にはある程度密度を低下させることができるかもしれない．

植物病原性の糸状菌に対して菌食性線虫を生物防除資材として利用する研究も行われている．菌食性線虫のニセネグサレセンチュウ（*Aphelenchus avenae*）は，リゾクトニア属（*Rhizoctonia*）やピシウム属（*Pythium*）などの土壌伝染性糸状菌による植物病害を抑制しうることが示された（石橋, 1993；岡田, 2006）．ただし，こうした菌類は菌糸のみならず胞子などの耐久態でも土壌中に存在する．実用化にあたっては，耐久態への捕食能力も評価する必要があるだろう．

線虫と菌類との関係はさまざまで，線虫のほうが菌に食べられることもある．土壌や倒木の中には線虫捕捉菌（nematode trapping fungi）とよばれる菌類が広く分布している．その中のあるグループは線虫を捕捉するための特殊な器官を形成する．たとえば，食材として一般に流通しているヒラタケ（*Pleurotus ostreatus*）は，窒素分の少ない木材の中で，それを補うべく線虫を捕食するといわれている．菌糸から毒物質を分泌して線虫を麻痺させ，粘着性の突起で捕捉，消化する．Mamiya *et al.* (2005) はこの性質を生かし，マツ枯れを起こすマツノザイセンチュウ（*Bursaphelenchus xylophilus*）の防除を試みた．マツの材木中にヒラタケを接種すると，線虫密度が低下することを確認した．ただし，ヒラタケと線虫との関係は一方的ではない．筆者らが寒天培地上にヒラタケ菌糸を生育させ，ニセネグサレセンチュウを接種したところ，線虫が一方的に菌に捕食された．しかし別の線虫種を接種したところ，反対に線虫のほうがヒラタケ菌糸を摂食し，産卵，増殖することを発見した（Okada and Kadota, 2003）．生物的防除資材としての実

用性はともかく，基礎的な生物学のテーマとしても菌類と菌食性線虫との関係は興味深い．

⬛ 3.2 植物寄生性線虫

植物寄生性線虫は，名前の通り植物に寄生してその生育を抑制するという点で，農業生産の場においてわれわれにデメリットをもたらす．しかし，線虫を含めた生物の機能は人間社会への貢献で本来評価すべきものではない．植物の生育を抑制することで線虫は自然生態系や農業生態系に大きな影響を及ぼしうる．その特性や規模を明らかにし，その制御方法の開発を目指すことも生態学研究のテーマである．こうした視点に立って植物寄生性線虫の機能とその制御（防除）法について紹介する．

3.2.1 分 類

植物寄生性線虫は大きくドリライムス目（Dorylaimida）とラブディティス目（Rhabditida）に分かれ，合計で約3000種類が記載されている．発生学的な由来や形状は異なるが，いずれも頭部に口針をもち（図3.3），それを植物組織に突き刺して養分を吸収する．植物寄生性種の1割は，茎葉など地上部を摂食するが，大半は地下の根部を摂食する．その様式によりA：移動性外部寄生性，B：定着性外部寄生性，C：定着性半内部寄生性，D：定着性内部寄生性，E：移動性内部寄生性に大別される（図3.4）．Aは根の外部にとどまり，根の周囲を移動しながら主根や根毛に口針を突き刺して養分を摂取する．ドリライムス目の植物寄生性種がすべてこれに含まれる．菌食性種から進化したと考えられる植物寄生性種の中でも，Aの線虫は比較的原始的な種類が多い．B，C，Dは最終的に1カ所に定着して摂食するが，体が植物組織からどの程度外部に出ているかによって区別する．後述するように農業生産で問題となるシストセンチュウ（*Heterodera* spp., *Globodera* spp. など．以下，シスト）はCのタイプで，根内で複数の植物細胞を融合した多核体細胞（syncytium）を作らせ，自身への養分供給を効率化する．やがてメスは体を丸く膨らませ，体内に卵をとどめたままシスト化する．やはり農業生産で重要なネコブセンチュウ（*Meloidogyne* spp. 以下，ネコブ）はDで，植物細胞1つ1つを肥大化・多角化させた巨大細胞（giant cell）を作らせることで

3.2 植物寄生性線虫

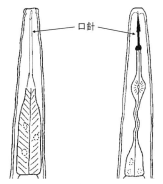

図3.3 ドリライムス目（左）とラブディティス目（右）の植物寄生性線虫の前半身（岡田，2002を改変）

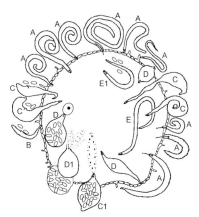

図3.4 植物寄生性線虫の摂食様式（Siddiqi, 2000を改変）
植物根の断面から描く．A：移動性外部寄生性，B：定着性外部寄生性，C：定着性半内部寄生性，D：定着性内部寄生性，E：移動性内部寄生性．C1, D1, E1は各々シスト，ネコブ，ネグサレセンチュウ．

養分供給の効率化を図る．その結果，植物根には根こぶ（root knot）が形成される．成熟にともないメス成虫の体が袋状に変化した後，ゼラチン状物質を分泌し，中に多数の卵を産んで卵嚢を形成する．Eの代表種はネグサレセンチュウ（*Pratylenchus* spp. 以下，ネグサレ）で，植物根内部を移動するとともに，根と外部環境との間を行き来して摂食活動を行う．この間メスは卵を1つずつ産下する．

3.2.2 生態学的インパクト

先述したように，植物寄生性線虫の基本的な機能は，摂食により植物の生育を直接抑制することである．その結果，自然界ではどのようなことが起こるだろうか．植物群落の成立や遷移に，土壌中の微生物が影響していることはよく知られている．たとえば，菌根菌などの共生微生物が優占度の低い植物種の生育を促したり（van der Heijden *et al.*, 1998），宿主特異的な植物病原性微生物が優占度の高い植物種の生育を抑制することなどにより群落組成を変えることがある（Bever, 1994）．植物寄生性線虫もこうした影響力をもつことが知られており，Olff *et al.*（2000）は，植物寄生線虫が自然環境での植物の生育を抑制し，群落の分布に影響することを見出した．また，De Deyn *et al.*（2003）によれば，二次遷移が起きている草原において，本来最初に侵入し，優占種になるはずの植物種の生育を，植物寄生性線虫を含む土壌動物群が抑制するため，優占度が劣る別の植物種が優占したり，本来は遅れて進出する植物種が早々に進出するなど，群落構造や遷移の仕方が変わった．とくに植物寄生性線虫については，そのバイオマスが高いほど，植物群落の均等度（evenness）が大きくなったとされている．

植物寄生性線虫のインパクトについては，やはり自然環境よりも農耕地においてよく研究されている．細菌，糸状菌，昆虫とともに土壌病害虫の主要群として，農業生産の抑制要因として重視されているためである．とくに畑作では，土壌の連作障害の一因となっている．水田土壌にも，植物寄生性種を含め多様な線虫種が棲息しているが，その密度は畑に比べて一般に低く（Okada *et al.*, 2011；2016），水稲に対して連作障害を起こす可能性は小さい．その原因は，湛水期間に土壌中の酸素が減り，線虫が増殖しにくいためと考えられる．対照的に畑や果樹園では土壌中に酸素が常に豊富であり，線虫による農作物への被害が大きい．被害作物の種類は多く，ムギ，イモ，ダイズ，トウモロコシなどの畑作物，トマト，ナス，キュウリなどの野菜，柑橘，コーヒーなどの果樹と幅広い．日本ではとくに，畑作物や野菜での被害が多く，とりわけネコブ，シスト，ネグサレによる被害が大きい（水久保，2015）．経済的損失は，果菜類だけでも年間 660 億円に達すると推定されている．ネコブは一般に宿主植物の範囲が広く，植物生育や収量を低下させるため，世界的に最も経済被害が大きい．一方シストの宿主範囲は狭いが，メス成虫の体が変化してできるシストは耐久性に優れ 10 年以上卵を保護するため，やはり農業上の重要なグループである．実際，ダイズやジャガイモの生産に壊滅

的な被害をもたらすことがある．ネグサレはダイコンやニンジンの表面に黒斑を形成して品質を低下させる．この線虫自身が大きな生育抑制や収量低下をもたらすことは少ないが，植物根への侵入痕から植物病原性の細菌や糸状菌が侵入して複合病害を発生させることがある．一方，外部寄生性種による農作物への経済的な被害は日本では小さい．しかし，植物病原性のウイルスを媒介する種がドリライムス目に知られ，欧米ではブドウなどに被害が出ている．

3.2.3　防除法

防除の手段は大きく，化学的，物理的，生物的，耕種的防除に分けられる．このうち化学的防除では線虫の場合，有機塩素化合物などの土壌燻蒸剤や有機リン剤などの神経毒系などの農薬が用いられる．物理的防除では，土壌表面をビニールシートで覆い，太陽熱によって土壌温度を上げたり，それに加え，事前に有機物を土壌中に鋤き込んで湛水することで微生物による酸素消費を促し，土壌の嫌気化を図って線虫を殺す還元消毒などが含まれる．いずれにせよ，標的とする植物寄生性線虫種以外の土壌生物（とくに動物）も基本的に皆殺しにする手段であり，本書ではおもに生物的防除や耕種的防除について紹介する．

a. 生物的防除

生物的防除では植物寄生性線虫に対する捕食性や寄生性の生物（天敵生物）を利用する．捕食性の生物としては，ダニ，トビムシや捕食性の線虫などの土壌動物が知られている．微生物に比べると一般に大量飼育が困難なので，農耕地に投入することによる線虫の制御はあまり現実的ではないかもしれない．それよりも，土着の動物が増加するような栽培管理（後述）を行い，植物寄生性線虫に対する潜在的な制御機能として利用するほうがいいだろう．ただし例外的に，捕食性線虫を大量培養し，それを土壌中に大量に投入することで植物寄生性線虫を制御する試みについてはすでに紹介した．

微生物の中にも，植物寄生性線虫に対する捕食性や寄生性を発揮するものがいる（天敵微生物）．とくに菌類には多少とも腐食性（有機物を分解することで養分とエネルギーを獲得して生活）をもつものが多く，線虫への捕食や寄生の機能をもつものを大量培養することも可能である．しかし，こうした微生物を大量に農耕地の土壌に投入することによる植物寄生性線虫の制御は困難かもしれない．農耕地において，作物体地上部周囲の生物相は比較的単純で，害虫に対しては，天

敵微生物および捕食性や寄生性の昆虫の大量放飼による制御が実用レベルでも成功している．しかし，作物体地下部を摂食する植物寄生性線虫に対しては成功例が少ない．なぜなら，単一の作物のみが栽培され一見単純にみえる圃場でも，その土壌中には多様な生物が棲息し，投入された天敵微生物自身が土壌中でほかの生物との相互作用にさらされる．そのため，線虫制御に効果が出るほどの密度に達しない場合がある．また，一見均一にみえる土壌でも，微生物にとっては物理的構造が複雑で，線虫にアクセスできない場合もある．実際こうした微生物が生物農薬として市販された例は少ない．例外的に，天敵出芽細菌（*Pasteuria penetrans*）は製剤化され，日本を含めたいくつかの国々で農薬登録されている．この細菌は，その胞子が線虫の体表に付着・侵入し，体内で増殖し，ついには線虫を殺す．この細菌は種や系統ごとに宿主となる線虫種が異なり，また胞子の環境耐性が比較的高く，一部の化学農薬とも併用できるため，経済的価値が高い作物では用いられている．

　天敵微生物を利用する場合も，捕食性動物の場合と同様，土着の微生物種を増やして植物寄生性線虫に対する制御機能を発揮させるほうが現実的であろう．そのためには，土壌中での微生物の密度や活性を測定する必要があるが，これについては，近年の分子生物学的手法の発達が今後大きく貢献するだろう．以前，土壌中における特定の微生物種の定量は困難であり，クロロホルム燻蒸や呼吸速度の測定により，微生物全体，糸状菌全体または細菌全体のバイオマスを測定する程度しかできなかった．リン脂質脂肪酸（phospholipid fatty acid）をマーカーとした微生物群集構造の分析も 1980 年代より可能になったが，依然漠としていた．しかし今世紀に入り，分子生物学的手法が発達し，特定の微生物種の定量が可能になりつつある．また，次世代シークエンサーによる網羅的な解析により，未知種を含めた微生物の群集構造の分析も可能になってきた．さらに，DNA のみならず RNA をマーカーとした分析を行うことで，単に特定微生物種の定量を行うのみでなく，土壌中で実際に活動している量を把握することも可能になりつつある．こうした技術を用いて，線虫の天敵微生物の密度や活性が実際にどの程度栽培管理によって増減するのかを種ごとに検討することが，栽培管理を通じた植物寄生性線虫の制御のための研究に不可欠になっていくだろう．

　天敵微生物の利用法として，植物を圃場に定植する前に植物に接種するというアイデアも検討されている．天敵微生物には，植物寄生性線虫に対する寄生性の

ほかに，植物体内に棲息する菌（植物内生菌，endophyte）としての性質をもつ
ものが知られ，定植前の苗に接種することで天敵機能の発現を目指した研究が行
われている（Stirling, 2014）．こうした菌は，植物寄生性線虫に対する直接的な寄
生性を発揮する以外に，線虫に対する抵抗性を植物に発現させるものも知られ，
世界的にも注目されている．

b. 耕種的防除

耕種的防除のうち，抵抗性品種や耐性品種の利用および輪作（線虫の宿主にな
らない作物種を数年おきに栽培し，線虫密度を低下させること）については，土
壌生態学の分野から離れるので本書では割愛する．ここでは，有機物投入，緑肥
栽培，不耕起栽培や地表被覆など，土壌を介して植物寄生性線虫を制御する手法
についておもに紹介する．

養分供給や土壌膨軟化のため，有機物を土壌中に鋤き込むことは世界中の農耕
地で普通に行われている．有機物としては，その国や地域で容易かつ安価に入手
可能なものが利用され，国内では事前に発酵させた稲わら堆肥，米ぬか，家畜糞
などが使用されている．これらは土壌中で微生物や土壌動物による分解を受け，
無機態の養分を放出し植物の生育を促進するが，その過程で大量のアンモニア
（NH_3）を生成するものがある．これには植物寄生性線虫に対して致死作用があり，
線虫の密度が低下する場合がある．とくにC:N比が小さい家畜糞尿をベースとし
た有機物を，高 pH の土壌に施用した場合では効果が高い（Oka, 2010）．また，分
解過程で有機酸を生成する有機物は，低 pH の土壌に施用した場合では防除効果
が高い．すでに述べたように，有機物を分解する微生物や動物の中には植物寄生
性線虫を捕食，寄生するものがおり，有機物の投入によってこうした天敵生物が
増える可能性もある．しかし，その程度や植物寄生性線虫への制御機能の発揮程
度は有機物の種類や土壌の理化学性などに左右され，必ずしも効果があるとは限
らない．反対に，養分供給により植物生育が促進され，それを餌とする植物寄生
性線虫が増えてしまう場合もある．それでも，いったん線虫に対する抑制効果が
発揮されれば，それが化学農薬より弱い効果だとしても，比較的長期間にわたり
持続すると期待されている（Oka, 2010）．なおアンモニアについては，自活性線
虫のところで述べたように線虫自身も排出するが，家畜糞尿などから発生する量
に比べるとわずかである．また，排出されたアンモニアは，通常，比較的速やか
に NH_4^+ イオンとなり，酸化的条件下ではさらに硝化作用を受けて NO_3^- イオンと

なるため，線虫自身への害は少ないと思われる．

発酵させた有機物を投入する代わりに，ある種の植物を栽培してその場で鋤き込むことも，主作物への養分供給や土壌の理化学性改変のために普通に行われる（緑肥栽培）．この中で，キク科のマリーゴールド（*Tagetes* spp.）は根からα-ターチニエールという毒物質を分泌するため，これらの栽培によっても植物寄生性線虫の密度を低下させることが可能である（九州沖縄農業研究センター，2013）．また，イネ科のエンバク（*Avena sativa*）やソルガム（別名モロコシ，*Sorghum bicolor*）のある種を緑肥として栽培すると，根内に侵入した線虫の発育が著しく遅延するなどの発育異常が起こることがあり，これを利用した線虫防除も行われている．

有機物投入や緑肥栽培は植物寄生性線虫の防除に一定の効果はあるが，鋤き込む際には当然耕起が行われる．耕起は土壌中に有機物を導入する一方，トラクタなどを運転するコストがかかるほか，土壌中に酸素を供給することで既存の有機物の分解を速め，地球温暖化ガスである二酸化炭素の放出を促進してしまう．また，風食や水食による土壌の流出も招いてしまうため，アメリカや南米諸国などでは敬遠されている地域がある．土壌生態系にとっても，耕起は物理的な攪乱であり，これによって，ミミズなどの大型土壌動物を中心に土壌生物が減少する（Miura *et al.*, 2008）．一方，耕起をしないこと（不耕起）で逆に生物の種類が徐々に増えて多様化し，食物網が複雑化することが知られている（Okada and Harada, 2007）．同時に，地表を作物残渣などの有機物で被覆することで土壌生物に住み処と餌を与え，これによって天敵生物の数や機能をさらに高めようとする試みも行われている（Stirling, 2014）．とくに菌類は菌糸のネットワークを発達させ，土壌中にいながら地表の有機物にアクセスし，分解して養分を獲得できるので，地表被覆によって土壌中の密度が増加することが知られている．実際に不耕起栽培と地表被覆との組み合わせによって，植物寄生性線虫の密度が低下した事例もある．また農耕地ではないが，林地の土壌を攪拌して耕起に見立てた処理を行うと，行わなかった場合に比べ，ネコブの幼虫を接種した際の生存率が上昇し，天敵生物への耕起によるダメージを示唆する報告がある（Sánchez-Moreno and Ferris, 2007）．筆者らは，不耕起栽培と耕起栽培の圃場におけるネコブ幼虫の生存率を調べた（図3.5，岡田・小松崎，未発表）．具体的には，A（図の斜線）：不耕起＋堆肥施用＋ライ麦カバークロップ栽培，B（灰色）：耕起＋堆肥施用＋ライ麦カバー

3.2 植物寄生性線虫

クロップ栽培,C(白色):耕起+堆肥なし+裸地管理の3種の試験区において土壌コアを非破壊で採取し,ネコブ幼虫を接種して一定期間経過後に土壌中のネコブ幼虫の生存率と全線虫の密度を調べた.その結果,Aの土壌ではBやCの土壌に比べてネコブ幼虫の生存率が1/3～1/2程度となり,反対に全線虫の密度は最低でも14%程度高かった.Aの圃場では天敵生物が多く,そのためにネコブがより多く死亡した可能性がある.ただし,土壌を採取した季節によっては生存率のばらつきが大きく,実験手法などの再検討が必要であった.

不耕起栽培を行うと雑草が生育しやすく,アメリカやオーストラリアなどでは除草剤の使用が増えてしまう例が多い.また地表被覆は,天敵生物のみでなく,病害虫の住み処にもなってしまうため,かえって作物の生育が低下する可能性がある.さらに,不耕起栽培を実施したからといって,植物寄生性線虫の密度や,それによる作物への加害を常に制御できるとは限らない(Timper et al., 2012など.ここでは不耕起の代わりに省耕起と,全面耕起とを比較).筆者らは以前,不耕起栽培のダイズ畑における土壌線虫相を耕起栽培のそれと比較した(Okada and Harda, 2007).植物寄生性線虫の中ではネグサレが主要種であったが,その密度や動態は耕起栽培の畑のそれらと有意な差がなかった.ネグサレは餌とする植物種が多く,不耕起栽培の試験区に発生した雑草を餌として利用できること,植物根の内外を移動しながら1卵ずつ産下するため,天敵生物が増えて一部の個体が捕食や寄生を受けても,個体群全体へのダメージが少ないことなどが原因として考えられた.制御の対象とする線虫種を絞り,天敵生物が増殖して機能する

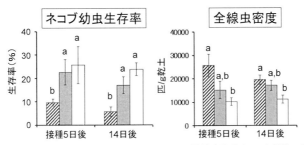

図3.5 不耕起圃場と耕起圃場の土壌におけるネコブ接種試験(岡田・小松崎,未発表)斜線,灰色,白色のカラムは各々試験区A, B, C(本文参照)を示す.土壌コアにネコブ幼虫を接種し,5, 14日後に調査.同じ英文字は有意差がないことを示す($p>0.05$).反復は3ずつ.

ためのさらなる工夫をすることが，不耕起栽培による植物寄生性線虫の制御のために必要だと筆者は考えている．また，病害虫や雑草が多少発生しても作物栽培が許される条件（作物種類，栽培規模，有機栽培などのブランド性など）を検討することも必要であろう．なお，輪作，作物品種の選定，農薬使用など，不耕起（省耕起）以外の栽培管理が土着の天敵生物に及ぼす影響については，Stirling（2014）らが考察している．

岡田浩明

4

土壌節足動物

　本章は，土壌動物の中でも節足動物に注目し，その多様性と生態を紹介する.
　まず日本における主要な土壌節足動物の種数について概観したのち，ミクロス
ケールとマクロスケールの2つの空間スケールでみられる多様性のパターンを紹
介する. ここでは，ミクロスケールは土壌中にみられる微小な構造，マクロスケ
ールは緯度や国・島などの広域の空間スケールを対象とする. 次いで，土壌節足
動物の多様性を作り出すメカニズムの1つとして地理的分化に触れ，これら動物
の多様性解明や保全において，地理的分化の理解が不可欠であることを示す. ま
た，ヒアリの発見で注目を浴びることになった外来生物，および，生物学的には
非常に興味深い現象であるにもかかわらず，これまであまり紹介されてこなかっ
た単為生殖について紹介する. 最後に，土壌節足動物の多様性研究手法として大
きな注目を浴びている DNA バーコーディングについて解説する.
　一方，土壌節足動物を対象とした，食物連鎖を通して複数の栄養段階に影響が
及ぶ栄養カスケードやシカの高密度化による影響などは，興味深い研究であるが，
いまだに議論が続いている段階であるため取り扱わなかった.

4.1　日本産土壌節足動物の種数

　日本の土壌には何種類の節足動物が棲息しているのだろうか. 残念ながら，こ
の問いに正確に答えることはできない. そこで，判明している範囲で主要な土壌
節足動物の日本産種数を整理し（表4.1），その概観についてのみ触れることにす
る. 全生物中で最も多くの種を含むグループとされるコウチュウ目（Coleoptera）
は，土壌に棲息する種も多く含んでおり，日本の土壌で最も種数が多い節足動物
といえそうである. コウチュウ目と同様に土壌中で多様性が高い節足動物として
ダニ目（Acari）があげられ，日本から1000種以上が報告されている. クモ目

（Araneae）もまた土壌中の多様性が高い．クモといえば樹木の枝などに網を張る姿が思い浮かぶが，土壌にも多くの種が棲息している．トビムシ目（Collembola），カマアシムシ目（Protura），コムシ目（Diplura），およびシミ目（Thysanura）はおもに土壌に棲息する昆虫であり，翅をもたないことから無翅昆虫（無翅亜綱：Apterygota）とよばれることもある（ただし，系統関係を反映しておらず分類群の名称としては不適である）．このうちトビムシ目はダニ目とならび個体数密度の高い動物で，その種数はコウチュウ目，ダニ目，クモ目に続く多さである．

　これまでの研究により，日本の土壌において，どの分類群の多様性が相対的に高く，どれが低いかについての議論はできるが，学名がつけられていない未知種の多さが示すように，その実態の解明にはまだかなりの時間が必要である．

表 4.1　おもな日本産土壌節足動物の既知種数および未知種数

		既知種	未知種数	文献
クモガタ綱	カニムシ目	68	?	Harvey（2011）
	ザトウムシ目	約80	>20	青木（2017）
	ダニ目	1238	>800	青木（2017）
	クモ目	約950	>1000	青木（2017）
ムカデ綱		150	>100	青木（2017）
コムカデ綱		3	25	日本分類学会連合（2003）
エダヒゲムシ綱		30	70	青木（2017）
ヤスデ綱		290	>110	青木（2017）
軟甲綱	ワラジムシ目	約140	60–160	青木（2017）
	ヨコエビ目	20	5	森野（私信）
内顎綱	トビムシ目	404	>100	青木（2017）
	カマアシムシ目	88	>7	青木（2017）
	コムシ目	13	>7	青木（2017）
外顎綱	シミ目	29	1[a]	青木（2015）
	シロアリ目	16	0	青木（2017）
	コウチュウ目	>4500	?	青木（2015）
	アリ科	296	>4	青木（2017）

[a]：未記載種であることが明らかな種数.

4.2 さまざまなスケールにおける多様性のパターン

4.2.1 ミクロスケールの研究

筆者が沖縄島北部のヤンバルの森で節足動物の多様性を調べた際，約 0.19 m^2（25 cm × 25 cm × 3 個）の土壌から 100 種以上の節足動物が確認された．このように土壌の狭い空間になぜ多様な節足動物が共存できるのか，ミクロスケールにおける多様性の研究はこの問題の解決を試みてきた．

これまでの研究によって，空間と餌のニッチ分割が土壌節足動物の多種共存に重要であることがわかっている．たとえば，Aoki（1967）は落葉，落枝，植物根など林床の有機物を 16 に区分し，そこに棲息するササラダニを調べ，有機物の種類ごとに棲息するササラダニの種類が異なることを明らかにした．また，Anderson（1978）はさらに詳細なスケールで土壌構造を定量化し，構造の複雑さとササラダニの多様性との間に明瞭な関係があることを示した（図 4.1）．餌ニッチの分割については，胃内容物の観察，酵素活性の解析，口器と食性の関係解明などさまざまなアプローチで確かめられ（Kaneko, 1988 など），腐植食性といわれていたササラダニとトビムシにも微生物食，生葉食，肉食など複数の食性が存在することがわかっている．最近では，安定同位体（第 9 章を参照）を用いた研究によって，さらに詳細な解析が行われている．

これらの研究成果は，われわれが土壌とひとくくりにしてしまう環境において

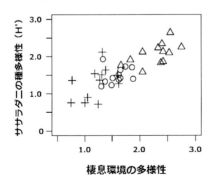

図 4.1　棲息環境の多様性とササラダニの種数の関係
　　　（Anderson, 1978 より作成）
○は L 層（落葉落枝層），△は F 層（腐葉層），＋は H 層（腐植層）を示している．

も，有機物の種類や分解程度によって多様な空間と質が作り出され，土壌節足動物は種ごとにその好みが異なることで共存していることを示している．一方，多種共存のメカニズムを理解するには，上記のようなニッチ分割の観点だけでなく，生物間相互作用や確率的要因の評価もまた不可欠である．しかし，土壌節足動物に対するこれらの研究は地上の動物に比べると遅れており，土壌節足動物の群集構造決定におけるニッチと確率的要因の相対的な重要性については，まだ明確な結論が出ていない．

4.2.2 多様性の緯度勾配

多様性の維持機構を理解するには，微視・局所的な視点（ミクロスケール）で群集の詳細を解析するだけでなく，巨視的な視点，すなわちマクロスケールにおけるパターンの理解もまた不可欠である．低緯度地域において高緯度地域よりも種の多様性が高くなることはさまざまな生物群で知られ，生態学における最も古い法則性（多様性の緯度勾配）の1つであるが，ゴール形成昆虫（植物の構造を変化させ棲みつく昆虫）や寄生蜂はこのパターンを示さないことが知られている．そして，いくつかの土壌動物（ミミズ，センチュウ，トビムシ，ダニ）もまた，多様性の緯度勾配を示さない（De Deyn and Van der Putten, 2005）．たとえば，Maraun *et al.* (2007) は，研究がよく行われている 28 の国と地域を対象に，ササラダニの種数と緯度との関係性を調べ，高緯度から中緯度（40°～90°）にかけて種数は多くなるが，中緯度と低緯度（10°～40°）ではその値に大きな違いがないことを示した（図 4.2）．土壌動物の多様性が緯度勾配を示さない理由としては，熱帯よりも温帯のほうが有機物量が多い，風分散する小型動物の群集構造は局所的な環境要因の影響を強く受ける，落葉が提供する餌や棲息環境の質に緯度間で差がない上に土壌動物にはジェネラリストが多いことなどが考えられているが（Maraun *et al.*, 2007），いずれも確固たる答えとして受け入れられているわけでない．また，Kaneko *et al.* (2012) は，日本全国 3110 地点のカマアシムシの採集データに基づき GIS（地理情報システム）を用いた解析を行い，多様性のホットスポットが関東から東北にかけて存在することを示した．やはり，低緯度地域よりも中緯度の温帯で多様性が高い結果となった．一方，アリやシロアリでは低緯度地域において多様性が高いことが知られており，いくつかの土壌節足動物（ミミズとセンチュウも同様に）が，なぜ中緯度（温帯域）で多様性が高いのか，これ

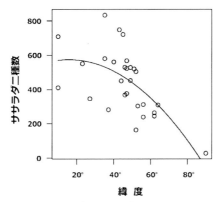

図 4.2 緯度とササラダニ種数の関係（Maraun *et al.*, 2007 より作成）
緯度は国や地域の中央値を用いている．

は土壌生態学に残された大きな課題の1つである．

　緯度の話題に関連して，温暖化が土壌節足動物の分布域を北上させる可能性について指摘した研究を紹介する．イギリスでは，全土を10km四方の方形区に分割し，各方形区で生物種の記録が行われている．そこで，1960年代と1990年前後に行われた調査結果を比較したところ，土壌節足動物であるオサムシ科，ヤスデ綱，およびワラジムシ亜目などは，この期間に50〜70kmほど，分布を北上させたことが明らかとなった（Hickling *et al.*, 2006）．もちろん，この期間には，気温だけでなく土地の利用方法なども大きく変化しているため，分布の北上が温暖化だけによって引き起こされていると結論付けることはできないが，その可能性は十分にあるだろう．

4.2.3　種数-面積関係

　多様性の緯度勾配と並び一般性の高い法則性として種数-面積関係がある．面積が大きいほど，そこに棲息する生物の種数が多くなるという単純な関係性のことであるが，それを生み出すメカニズムを説明するのは容易ではない．4.2.2項で述べたように，多様性の緯度勾配が土壌動物ではあまり認められないのに対し，種数-面積関係については土壌節足動物の複数の分類群で認められている．たとえば，ヨーロッパの35カ国の面積とトビムシの種数の間には正の相関関係がある（Ulrich and Fiera, 2009）．同様にササラダニやアリでも国や島スケールで種数-面

積関係が認められている（Wilson, 1961：図4.3）．また，島と大陸の比較では，同じ面積の場合，島のほうが多様性が低くなることが土壌節足動物でも知られ，この事実は島嶼においてこれら動物の多様性を考える際には分散・移住の評価も重要であることを示している（Decaëns, 2010）．

種数-面積関係の理解は，生物多様性の保全の観点からも重要である．たとえば，ある棲息地の種数がその棲息地の面積に正比例するのであれば，より多くの種数を保全するには大きな面積が必要であると予想される．しかし，森林に棲息するアリでは，種数-面積関係が必ずしも認められない．これは面積の変化にともない種組成が変化する，すなわち面積が小さくなるとジェネラリストが侵入しやすくなることが原因である．また，コウチュウ，とくにオサムシについても同様の研究がよく行われており，周辺の環境や種のもつ特性（飛翔能力など）などが絡み合い，面積が小さくても単純に種数が低下しないことがわかっている．アリやオサムシにおける森林の種数-面積関係の研究成果は，森林などの棲息地分断・縮小が生物多様性に及ぼす影響を扱う場合，棲息地の面積の変化にともない種組成が変化する可能性があるため，種数だけでそれら環境の生物多様性を評価することは危険であることを示している．

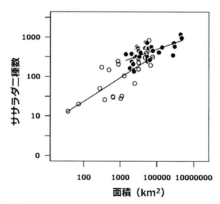

図4.3　面積とササラダニ種数の関係（Maraun *et al.*, 2007より作成）
黒丸は大陸の国や地域，白丸は島を示している．

4.3 地理的分化

土壌に棲息する動物の多くは飛翔能力をもたず，受動的な風分散を除けば，その移動手段は歩行に限られるため，海峡や高い山などが地理的障壁となり分化・多様化が生じると予想される．このような土壌節足動物の地理的分化の研究は，日本においてはオサムシ科の昆虫を対象に精力的に行われてきた．これらの成果については，すでに多くの書籍で紹介されているので，本節では，オサムシ科以外の研究成果を紹介する．

九州から台湾にかけて島々が連なる南西諸島は，島間の複雑な結合と分断の歴史を有しており，その地史に対応するように生物が多様化したと考えられている．筆者は，沖縄島，宮古島，石垣島，西表島，および与那国島の森林に棲息するヤエヤマモリワラジムシ（*Burmoniscus ocellatus*）とその近縁種を採集し遺伝子解析を行った（Karasawa and Honda, 2012）．その結果，1万年前まで陸続きだったと考えられる石垣島と西表島間では遺伝的分化が認められない一方で，それ以外の島間では大きな遺伝的分化が生じていることが明らかとなった（図4.4）．この結果は，本種はこれらの島々が陸続きだった時代に歩行により分散した後，現在のように各島に分断される過程で，遺伝的に分化したと解釈できる．

一方，広域に分布するにもかかわらずほとんど遺伝的分化が認められないこともある．サソリに似た風貌のサソリモドキ目は，日本に2種棲息することが知られ，南は与那国島から北は東京の赤坂までで確認されている．そこで，筆者らは日本各地から標本を入手し，遺伝子解析を行った．その結果，奄美大島よりも南に分布する標本では，島間で大きな遺伝的分化が認められた．一方，九州，四国，および本州の標本では，地域間でほとんど遺伝的分化が生じていないことがわかった（Karasawa *et al.*, 2015）．このように，広域に分布するにもかかわらず遺伝的分化が生じていない生物は，近年，急速に分布域を広げた可能性がある．筆者らは，サソリモドキは人為的な持ち込みによって本州や四国に分布域を拡大した可能性が高いと考えている．

飛翔能力をもたず，地理的分化が生じやすい土壌節足動物は，飛翔能力をもつ動物に比べて分化速度が速いと予測されるが，どうやらこの予測は正しいようだ．Ikeda *et al.* (2012) は，飛翔性の種と非飛翔性の種を含む土壌徘徊性甲虫のシデムシ科をモデルとし，遺伝子解析やGISを用いることで，飛翔能力の欠如が種分

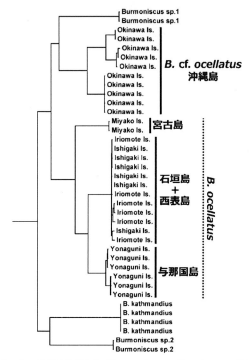

図 4.4 ヤエヤマモリワラジムシ (*Burmoniscus ocellatus*) の mt DNA の 3 領域の塩基配列に基づく分子系統樹 (Karasawa and Honda, 2012 を改変)

化率を高めることを明らかにした.

多くの島を含み,また,狭い国土の大半が山地で占められている日本では,土壌節足動物の多くがさまざまな地理的障壁によって多様化したと考えられる.したがって,この多様化メカニズムの理解は,これら動物の多様性を保全する上で不可欠である.本節では,筆者による研究例を中心に紹介したが,近年,さまざまな動物群で同様のアプローチでの研究が進められている.しかし,土壌節足動物の多様性を考えれば,解析されたのはごくわずかであり,真の多様性を理解するには今後のさらなる研究の発展が不可欠である.

4.4 外来生物

人為的に本来の棲息域外に持ち出された外来生物は生物多様性を脅かす要因の1つとなっており，日本では外来生物法によってその取り締まりが行われている．2018年5月現在，外来生物法にて取り締まりの対象となる特定外来生物に指定されている土壌節足動物は，アリ，サソリおよびクモのみである．しかし，これは，大半の土壌節足動物が外来生物として危険性がないということを意味しているのではなく，これら動物に関する知見が乏しく，外来生物としての影響評価が難しいことが原因であると思われる．

社会性をもち集団で行動するアリは，捕食や競争などさまざまなプロセスを通して在来の生態系に悪影響を及ぼすことが知られ，いくつかの種が特定外来生物に指定されている．とくに，アルゼンチンアリ（*Linepithema humile*）は世界中で在来の生態系に大きな被害を与え，日本でも住宅地に大量に侵入し不快害虫になるなどの悪影響が出はじめている．また，2017年には，強い毒をもつヒアリ（*Solenopsis invicta*）が，日本で初めて神戸港で確認された．その後，日本各地で本種が確認され，定着が危ぶまれている．現在，専門家らによるさまざまな防除法が検討されているので，不確かな情報に踊らされず，冷静に対応することが重要である．

アリ以外の外来性土壌節足動物による悪影響は，日本ではあまり知られていないが，数少ない例として，台湾原産とされるヤンバルトサカヤスデ（*Chamberlinius hualienensis*）による事例がある．本種は1983年に沖縄島で大発生し，その後，日本各地に分布を広げているが，2000年の初冬には鹿児島県の薩南半島で大発生し列車を遅らせる原因となった（新島・有村，2002）．一方，2015年には，産業利用への期待ができるヒドロキシニトリルリアーゼという化学物質が本種から発見された（Dadashipour *et al.*, 2015）．これにより，ヤンバルトサカヤスデは，厄介な外来生物から産業の救世主へと変貌を遂げるかも知れない．

また，日本人にとって身近な土壌節足動物の代表格ダンゴムシは，正式にはオカダンゴムシ（*Armadillidium vulgare*）とよばれ，ヨーロッパから持ち込まれた外来生物であると考えられている（布村，2007）．本種以外にもワラジムシ亜目の外来種は，日本では少なくとも6種が知られ（布村，2007），沖縄県以外の住宅地周辺でみられるダンゴムシ・ワラジムシは普通，外来種であると考えてよい．オ

カダンゴムシは落葉だけでなく生葉も摂食するため，高密度になると稀に園芸植物や農作物を食し被害をもたらすことが知られている．

　ここまでは土壌節足動物自身が外来生物の場合について紹介したが，外来生物の侵入による在来の土壌節足動物への影響についてはどうであろうか．ニューヨーク州にあるコーネル大学内で行われた研究では，外来性ミミズの存在によりササラダニの多様性が低下することが明らかとなっている（Burke *et al.*, 2011）．また，小笠原諸島の父島と母島に定着し特定外来生物に指定されているオオヒキガエル（*Rhinella marina*）は，アリ，ワラジムシ，ヤスデなど多くの土壌節足動物を摂食している（Matsumoto *et al.*, 1984）．そもそもオオヒキガエルは，ムカデやゴキブリなどを駆除するために導入された動物であり（宮下，1980），定着すれば土壌節足動物を捕食するのは当然といえる．

4.5　単為生殖

　土壌節足動物の特徴の1つに単為生殖種が多いことがある．たとえば，さまざまな環境の土壌において高密度で棲息するササラダニは，その既知種約1万種のうち10％程度が産雌性単為生殖（thelytoky）をすると考えられている（Norton *et al.*, 1993）．ササラダニの単為生殖に関する情報が少なかったころに推定された全動物の産雌性単為生殖の種数が1500種程度（White, 1984）であるから，ササラダニだけでこの値に匹敵する可能性がある．トビムシもまた多くの単為生殖種を含んでおり，デンマークのブナ林で行われた調査では，単為生殖種もしくはその可能性が高い種の個体数割合は全体の72％に達した（Petersen, 1980）．ササラダニやトビムシのような小型の土壌節足動物だけでなく，大型の土壌節足動物でも単為生殖種は報告されている．土壌節足動物に単為生殖種が多い理由を包括的に説明する理論はないが，これら単為生殖種は表層よりも比較的深い土壌，高緯度や人為的攪乱地など，その分布環境にいくつかの共通した特徴がある（Parker, 2002）．ただし，ササラダニの単為生殖種の分布は，単為生殖種によくみられる分布の特徴には合致しない．

　土壌節足動物の性に関連して，興味深い現象を紹介したい．住宅地周辺でみられるオカダンゴムシは，細胞内に細菌の一種ボルバキア（*Wolbachia pipientis*）が感染すると遺伝的にはオスになるはずの個体がメスに変わることが知られている

（Moreau *et al.*, 2001）．また，単為生殖を行うオオフォルソムトビムシ（*Folsomia candida*）から，ボルバキアを人工的に除去すると不妊化するため（Pike and Kingcombe, 2009），本種の単為生殖はボルバキアによって作り出されていると考えられる．ボルバキアは，宿主のメスの配偶子（卵）のみを経由して集団内に伝播し，宿主のオスに感染したボルバキアは子孫を残せない．したがって，ボルバキアは宿主の生殖を操作することで自身の子孫を多く残している．

4.6 多様性研究の新たな取り組み─DNA バーコーディング─

　土壌節足動物に興味をもち，研究をはじめようとしたとき，最も苦労するのが種同定である．厖大な多様性を含む土壌節足動物を正確に種同定するには，長時間の訓練が必要であり，この現実は，初学者の研究への挑戦意欲を下げるだけでなく，専門家であっても複数の分類群を対象とした多様性研究の実施が難しいことを意味している．そこで，期待されるのがDNA バーコーディングである．DNA バーコーディングとは特定の短い DNA 配列データで種同定を行う手法のことである．DNA データはプロトコル通りに実験を行えば誰でも取得できるため，この方法を使えば，分類学の勉強をしなくても種同定ができるのである．また，種の表徴を確認できない破損した標本や未成熟個体での種同定も可能となるため専門家にとっても有益である．たとえば，ワラジムシ亜目は普通，種の表徴としてオスの二次性徴が利用されるため，メス個体では正確に種同定ができない．筆者は福岡県で採集したメスのワラジムシ亜目のmtDNA のCOI 領域の塩基配列データを決定し，BOLD（Barcode of Life Data Systems；http://www.barcodinglife.org/）の種同定支援システムで検索を行った結果，ワラジムシ（*Porcellio scaber*）であると同定することができた（図 4.5）．

　このように DNA バーコーディングは，多様性研究に非常に有用であり，すでに，海外では，さまざまなグループを対象として DNA バーコーディングを用いた研究論文が発表されている．しかし，日本においてはデータベースの構築が遅れており，土壌節足動物を対象にした DNA バーコーディングを用いた研究例は少ない．

　また，DNA バーコーディングの応用利用もすでに進められている．たとえば，クモは消化液をかけて餌動物を溶かしてから摂食するため，胃内容物を形態で調

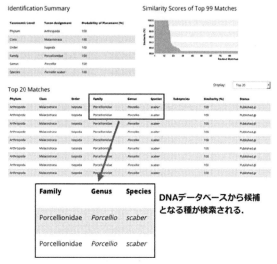

図 4.5 BOLD（Barcode of Life Data Systems）の種同定支援システムの結果出力画面（一部）

べることができない．しかし，餌動物の DNA は消化器官に保持されているため，それを調べることでクモが何を食べているか解明できる．

　DNA バーコーディングの研究は，DNA メタバーコーディングとよばれる新たな展開もみせている．本手法は次世代シークエンサーを用いることで大量のサンプルを解析できるため，土壌のように厖大な多様性を含む環境の研究にはうってつけである．日本ではトビムシを対象にした DNA メタバーコーディングの手法が確立しつつあり（Saito *et al.*, 2016），多様性研究への実践利用が間近に迫っている．今後は，土壌節足動物を丸ごと対象とした解析方法の確立が望まれるが，そのためには各動物群における DNA データの蓄積が不可欠である．

唐沢重考

5

ミ ミ ズ

　ミミズは誰でも一度は目にしたことがあるような身近な土壌動物であるが，その生活については一般にはほとんど知られていない．土壌の中できわめて重要な機能を果たしており，地上の昆虫，両生類，は虫類，鳥類，そして哺乳類の重要な餌でもある．しかし，ほかの動物と違って外見で種を同定することが困難である．成熟個体を解剖して体内の生殖器官を精査する必要があるし，未成熟個体はほとんど同定できない．ミミズは死亡するとすぐに体が腐るし，動物に食べられても消化管内で体がほとんど残らないので，生活史やほかの動物の餌としての重要性の調査も困難であり，飼育も難しい．土壌中での分布も不均一であり，密度を正確に推定するには多くの労力が必要である．このような理由から，野外でのミミズの分布や生活史については，まだわかっていないことが多い．

5.1　ミミズの分類と分布

5.1.1　ミミズの分類

　ミミズは，海に棲むゴカイとともに環形動物門（Annelida）に属しており，動物の血液を吸うヒルとともに環帯類とされる（山口，1967；Rousset *et al.*, 2006）．われわれが日ごろよく目にするミミズは，陸棲大型ミミズとよばれ，同じく陸上に棲息するヒメミミズは陸棲小型ミミズとよばれている．また，池や川，そして水田に棲息するイトミミズやミズミミズ，オヨギミミズは水棲小型ミミズとよばれている．このような区分は，採集方法や生態，土壌に与える機能に対応している．以後，本章で単にミミズと記述した場合には，陸棲大型ミミズを指すものとする．

　ミミズの科レベルの高次分類については統一された見解が得られていないものの，代表的なものとして表 5.1 に示した 10 科をあげることができる．ミミズは大

表5.1 おもな陸棲大型ミミズの科

和名	学名
ジュズイミミズ科	Moniligastridae
フトミミズ科	Megascolecidae
ムカシフトミミズ科	Acanthodrilidae
カイヨウミミズ科	Ocnerodrilidae
アフリカミミズ科	Eudrilidae
ナンベイミミズ科	Glossoscolecidae
ツリミミズ科	Lumbricidae
ホルモガスター科	Hormogastridae
ミクロケータ科	Microchaetidae
キノトゥス科	Kynotidae

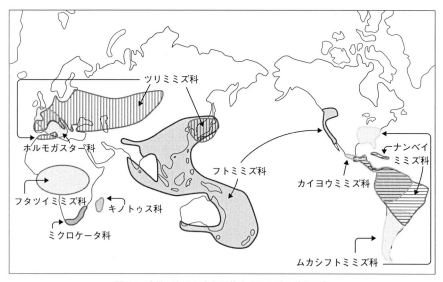

図5.1 大陸ごとのおもな陸棲大型ミミズの科の分布

陸ごとに分布する科が異なる（図5.1）．耐塩性を欠くことから海を越えた分布拡大が困難であり（Guzyte *et al.*, 2011；Ivask *et al.*, 2012），現在の科ごとの地理的分布パターンは古生代までさかのぼる大陸移動により形成されたものと考えられている（Michaelsen, 1921；Omodeo, 2000）．ミミズは2017年現在，5313種が知

られており（DriloBASE：World Earthworm Database），フトミミズ科が38%，ムカシフトミミズ科（フタツイミミズ科を含む）が22%，ツリミミズ科が12%を占め，そのほか15以上の科があるが，それらをあわせても種数ではわずか28%でしかない．

5.1.2　日本のミミズ相とその分布パターン

　日本には8科165種のミミズが分布し（石塚，2001；Blakemore, 2012），さらに200種以上の未記載種が存在していると考えられており（小林，1941a；b；石塚，2001；上平，2004），今後も新種記載に関する分類学的研究が必要である．日本ではフトミミズ科が大半を占め，そのほかツリミミズ科とジュズイミミズ科が1割ほどを占める．そのほかの科は1～数種のみであり，ビワミミズ科を除いてすべて外来種だと考えられている．ツリミミズ科はユーラシア大陸の温帯から寒帯に，フトミミズ科は東・東南アジアの熱帯から温帯を中心に分布し，本州以南ではフトミミズ科が優勢である．

　本州以南でよくみられるフトミミズ科は，属・種の両方のレベルで分類が混乱している．かつてフトミミズ科はフトミミズ属*Pheretima*の1属だけとされたが，Sims and Easton（1972）以降，フトミミズ科は14属に分割された．このうち*Amynthas, Metaphire, Manus, Duplodicodrilus, Pithemera, Polypheretima*の6属が日本に分布するとされているが（南谷，2015），*Amynthas*（*Metaphire, Manus, Duplodicodrilus*の3属を含む），*Pithemera, Polypheretima*の3属にまとめようとの意見がある．このため，日本産のミミズは文献によって同じ種でも属名が異なるために混乱する可能性があるが，これらはすべてフトミミズ科を指しているものと理解してよい．

　日本のミミズ相は，種ごとの分布から①日本に固有なもの，②日本と朝鮮半島に固有なもの（ごく一部が欧米で記録される），③東アジアなど他国に広く分布するものに分けられる．海が分布拡大の障壁になるため，海を隔てた大陸に共通して分布する種は，はるか昔に分布拡大したものが種分化せずにずっと同一種として存続してきたものであるか，非人為的にごく稀な事象（鳥や漂着物などなんらかの媒体）によって分布拡大したもの，意図的・非意図的な人為的分布拡大だと考えることができる．たとえば，南米とアジアに共通して出現する種は，自力で分布拡大したと仮定するとゴンドワナ大陸の時代までさかのぼることになるた

め，同一種がずっと存続していたとは考えにくい．また，ハワイやガラパゴス，小笠原のように，過去に他の陸地とつながった歴史をもたない火山島でも現在ではミミズが分布しているが，ミミズが人為的介在なしにそこに到達するとは考えにくい．先述した③東アジアなど他国に広く分布するものは，ハワイやガラパゴス，南米などにも出現しているため，人為的に分布を拡大した外来種だと考えられる．ただし，どこが起源で，どこに分布を広げたかは不明であるため，日本から海外に広がった外来種も存在するかもしれない．一方で，日本と朝鮮半島にのみ分布するもの（ごく一部が欧米で記録）は，この地域の在来種であるとみなすことができる．

　これらを考慮して日本のミミズの分布パターンを検討すると，7グループに大別できる（図5.2）．グループ1は南西諸島を除く本土と朝鮮半島に分布する種，グループ2は南西諸島を除く本土に分布する種である．グループ3は，南西諸島を除く南西日本に，グループ4は関東から北海道に分布する種が含まれる．また，グループ5は近畿から東北まで分布している．グループ6は琉球列島に分布する．これをみると，在来種では，北海道から本州，四国，九州までの本土4島と琉球列島の間には断絶があり，これら2地域の共通種は見つかっていない．中部地方に分布境界をもつものもいくつか知られており，グループ3〜5として別に扱った．一方で，外来種はこれらの境界とは無関係に分布しており，とくに熱帯由来の外来種であるハワイミミズなどのフトミミズ科などは，本土4島南部から琉球列島や小笠原諸島にも分布している（図5.2のグループ7）．これらの分布パターンから，本土に分布するフトミミズ科はアジア大陸から朝鮮半島を経て日本に到達し，一方で，琉球列島には本土から南下したのではなく，まったく別の系統が中国・台湾から侵入したと考えられる．国内や周辺地域のミミズ相の解明や分子系統学的研究が進むと，日本のミミズ相形成の過程がさらに詳しく明らかになるだろう．

5.2　ミミズの生活型

5.2.1　ミミズの生活型区分

　野外でミミズの採集を行うと，明らかに体型や棲息層位の異なるものを採集することができる．このため，ミミズの生活型（ecological category）について，古

5.2 ミミズの生活型

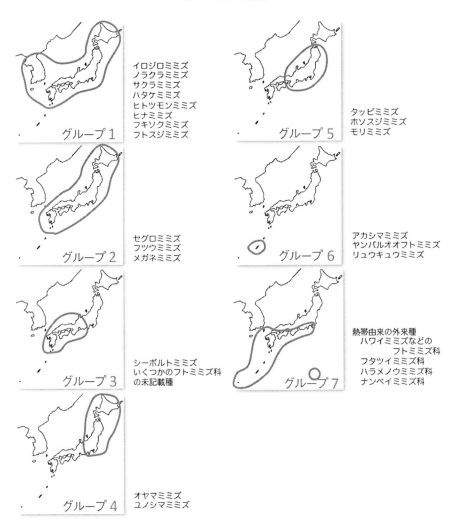

図 5.2 日本とその周辺のミミズの分布パターン

くから議論されてきた.これらの多くは棲息層位や形態,食性,生活史などに着目している.最も一般的に用いられているのは,Bouché (1977) がフランスのツリミミズ科を研究して提案した3つの生活型であり,表層性種 (epigeic),地中性種 (endogeic),表層採食地中性種 (anecic) に区分した (表 5.2,図 5.3).表

表 5.2　ミミズの 3 つの生活型区分（Bouché, 1977 による）

名称	特徴
表層性種 (epigeic)	・おもに落葉層に棲息し，養分に富んだ落葉を摂食する ・繁殖戦略は r 戦略で，体サイズは小さく，産卵数は多く，成長が早い ・一年生のものが多く，多くは春に孵化して急速に成長し，夏～秋に産卵した後に死亡する
地中性種 (endogeic)	・おもに土壌層に棲息し，栄養の乏しい土壌を摂食する ・繁殖戦略は K 戦略で，体サイズが大きく，産卵数は少なく，成長は緩慢 ・多年生（越年生）であり，世代は重複し，複数のコホートが出現
表層採食地中性種 (anecic)	・おもに土壌層で坑道を作って生活し，地表の坑道の開口部に落葉を集積した落葉溜めを作る ・落葉と土壌の両方を摂食する ・繁殖戦略は K 戦略で，体サイズは非常に大型 ・多年生（越年生）であり，世代は重複し，複数のコホートが出現

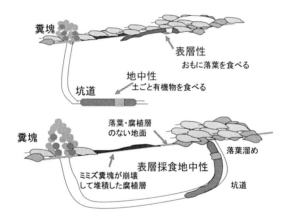

図 5.3　ミミズの生活型の模式図（金子, 2007）

層性種はほとんど坑道を掘らず，落葉と土壌表層の間に棲息しており，地中性種は坑道を掘り，一部の種は糞塊を地表面に排泄する．一方，表層採食地中性種は坑道をもち，坑道から体を地表面に出して坑道の開口部に落葉を集める．これを落葉溜め（midden）とよぶ．

　寒帯の針葉樹林や温帯草原，落葉広葉樹林では落葉を餌資源とする表層性種や表層採食地中性種が多いものの，熱帯では土壌中の有機物を餌資源とする地中性種が優占し，落葉を餌資源とする型が貧弱になる．一方，地中性種は腐植の多い

土壌にしかいない種と，腐植の少ない土壌に出現する種にわかれるため（図5.4），Lavelle（1983）は熱帯アフリカのミミズ群集を研究し，Bouché（1977）の生活型を拡張して地中性種をさらに，高腐植性（polyhumic），中腐植性（mesohumic），貧腐植性（oligohumic）種に3分割した（表5.3）．

日本のフトミミズ科群集は，消化管内器官である腸盲嚢や性徴，生殖腺の形態や棲息層位と生活史との間に一定のパターンがあることが明らかにされている（Ishizuka, 1999；石塚，2001）（図5.5）．腸盲嚢は，東南アジアから東アジアにかけて分布するフトミミズ科のうち比較的進化したグループがもつ体内器官で，第27体節付近の腸に開口する盲嚢である（Sims and Easton, 1972；Ishizuka, 1999）．

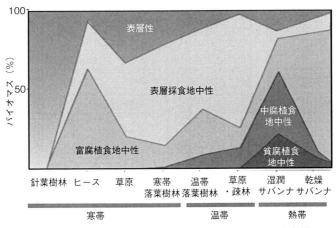

図 5.4　ミミズの生活型構成の緯度による変化（Lavelle, 1983 を改変）

表5.3　熱帯におけるミミズ地中性種の生活型区分（Lavelle, 1983 による）

区分	特徴
高腐植食性地中性種 （polyhumic endogeic）	・表層土壌に棲息 ・表層の有機物が混合している土壌を摂食 ・体サイズは小型で，r 戦略的
中腐植食性地中性種 （mesohumic endogeic）	・高腐植食性地中性種と貧腐植食性地中性種の中間型 ・体サイズは中型で，やや K 戦略的
貧腐植食性地中性種 （oligohumic endogeic）	・深い土壌層に棲息 ・有機物をほとんど含まない土壌を摂食 ・A 戦略的で，きわめて厳しい環境に適応

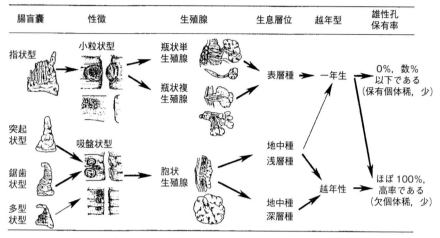

図5.5 日本産フトミミズ科の腸盲嚢の形態と生活型の関係（石塚, 2001）

この器官の機能はよくわかっていないものの，腸盲嚢の直後でセルラーゼ活性が高くなることから（Nozaki et al., 2009），消化酵素を貯蔵する機能をもっているのかもしれない．日本のフトミミズ科の生活型は表層性，浅層性，深層性に分けられ，表層性種では，手袋のように小さな指が数本集まった形になる指状型腸盲嚢をもち，地中性種では腸盲嚢はきわめて単純な突起状型，もしくは背面・腹面のいずれかが鋸歯状になる鋸歯状型であり，深層性種は突起状型や多型状型である（石塚, 2001；図5.5）．Ishizuka（1999）の表層性は Bouché（1977）の表層性，浅層性は地中性，そして深層性は表層採食地中性に対応すると考えられ，より複雑な形態の腸盲嚢が落葉食のミミズにみられる傾向がある．

5.2.2 表層性種

ヒトツモンミミズ（*Metaphire hilgenforfi*）やフトスジミミズ（*Amynthas vittatus*），ハタケミミズ（*M.agrestis*）などの表層性種は，落葉層や落葉層と土壌層の間に棲息するが，鉱質土壌の深さ3〜6cm程度にまでは潜ることもある（内田・金子, 2004）．このグループは，やや分解が進んだ落葉を食べ，消化管内容物の分析から，フトスジミミズでは落葉と有機物含量の高い土壌を摂食し，ヒトツモンミミズでは落葉の割合が減って有機物含量の高い土壌をおもに摂食しており，同じ落葉性種であっても餌資源は若干異なっていると考えられる（Uchida et al.,

2004). また，表層性種の体サイズは小さいとされているが（Bouché, 1977），ヒトツモンミミズのように体長20 cmを超えてかなり大型になる種も存在している．生活史は欧米と同様に春に卵から孵化し，夏には成熟して交尾・産卵し，秋から冬には死滅する一年生である（内田・金子，2004）．しかし，7月ごろに成熟してすぐに死滅していくため，8月以降にはほとんど採集できないアオキミミズのような種も存在している（内田・金子，2004）．

5.2.3　地中性種

ヒナミミズ（*A. micronaria*）やヘンイセイミミズ（*A. heteropoda*），イロジロミミズ（*A. phasela*）のような地中性種は，深さ30 cmまでの鉱質土壌に棲息し，フタツボシミミズ（*A.masatakae*）は深さ50 cm程度に出現する（石塚，2001）．また，クソミミズ（*A.hupeiensis*）では活動期には深さ0～10 cmに棲息するが，休眠期である11～2月には地中50～60 cmあたりまで潜ることが明らかにされている（Watanabe, 1975）．Bouché（1977）は，地中性種は成長が遅く，数年間生きることを特徴の1つにあげているものの，日本のフトミミズ科の地中性種ではこの点は異なっている．地中性種のうち，ヒナミミズやヘンイセイミミズでは5～6月に大型の個体が出現し，7～10月に亜成体が出現するため，6～7月ごろに産卵・孵化していると考えられる．一方で，ニレツミミズ（*A.distichus*）は5～7月に前年生まれの個体が産卵し，これはすぐに孵化して急速に成長し，9～10月には成熟して産卵し，この卵胞は11月ごろに孵化して翌年5～7月に成熟するという異なる生活史をもつと考えられている（内田・金子，2004）．ノラクラミミズ（*M. magascoliodioides*）やシマフトミミズ（*M. shimaensis*）など体長30 cm，体幅1.5 cmに達する大型種は，生活史の研究が行われていないものの急速に成長するとは考えにくく，欧米の地中性種のようにゆっくりと成長して数年間生存する可能性がある．

5.2.4　表層採食地中性種

日本では確認事例がほとんどないのが，表層採食地中性種である．鉱質土壌に坑道を形成し，糞塚と落葉溜めを形成することが判明しているのは，ヤンバルオオフトミミズ（*A. yambaruensis*）とイイヅカミミズ（*A. iidukai*）の2種にすぎない．ノラクラミミズは大型で，地表に糞塚を形成するものの，落葉溜めの形成

は確認できていない．また，地中性種にあげたシマフトミミズはきわめて大型であること，フタツボシミミズやイロジロミミズは比較的大型種であり糞塚を形成することから，表層採食地中性種の可能性がある．

5.2.5 その他の生活型

この3型のほかに，いくつかの生活型を追加することが提案されている．たとえば生ゴミコンポストに利用されるシマミミズ（*Eisenia fetida*）は，生ゴミや家畜のし尿など非常に有機物に富んだものを食べるため，日本では森林や草原などでは滅多に出現することはない．このため，堆肥型（中村，1998）もしくは食糞型（Paoletti, 1999）とすることが提案されている．また，東南アジアや南米などの熱帯には樹上に棲息する種が存在しており，地表の乾燥や水没などから逃避する恒常的な棲息場所として，樹上型が提案されている（Paoletti, 1999）．

5.2.6 生活型解明に向けて

生活型は，ミミズを群集として捉えたときに生態系影響を考える重要な指標になるが，日本では生活史を明らかにされた種はごく一部であり，生活史や食性，棲息層位の可塑性についての研究は不十分なため，今後の研究が期待される．とくに，四国や九州など気候が大きく異なる地域では，生活史が異なるパターンが見つかるかもしれない．実際に，シーボルトミミズ（*M. sieboldie*）は春に孵化して，未成熟のまま越年して翌春〜夏に産卵する生活史をもつと考えられるが，明らかに表層性種である．さらに，亜熱帯気候に近い愛媛県宇和島市の海岸沿いでは，ヒトツモンミミズなどの表層性種の成体が5月上旬にすでに出現していた．生活史や生態の可塑性について，今後の研究が求められる．

5.3 食性と消化管内プロセス

ミミズは基本的に，腐朽しつつある有機物を食べるが，同時に鉱物質土壌を食べる．食べられた餌は，ミミズの体内でさまざまな変化を受け，糞として排泄される（図5.6）．ミミズの摂食量は環境や生活型によっても大きく異なると考えられるが，1日あたり個体重の20〜3000%を摂食すると推定されている（Reynolds, 1994；Lavelle and Spain, 2001；Bottinelli *et al.*, 2010）．また，温帯ではミミズの

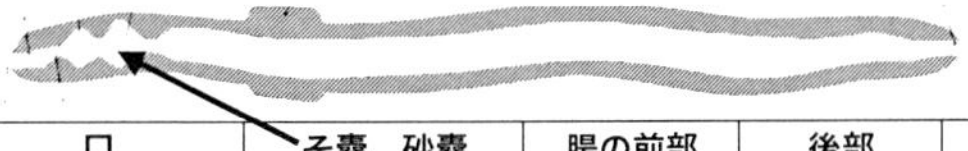

5.3 食性と消化管内プロセス

部位	口	そ嚢，砂嚢	腸の前部	後部	糞
ミミズの機能	食物の選択性	有機物を粉砕，水分，pH調整	水分，粘液，尿としてのNを供給	消化産物を吸収，嫌気条件	耐水性団粒，嫌気条件
落葉	より細かい破片，Nが多い，タンニンなどが少ない，湿っているもの	粉砕され，土壌粒子と混合される		食物とともに取り込まれた細菌に消化される	粘土鉱物との複合体
土壌有機物	細菌が多い	粉砕され，土壌粒子と混合される		食物とともに取り込まれた細菌に消化される	粘土鉱物との複合体
土壌粒子	砂	有機物の粉砕に利用			風化の促進
カビ	選択性あり	切断される	一部は消化される		成長の速い種
細菌	有機物とともに摂食	あまり影響を受けない	増加，消化酵素	窒素固定，脱窒	増加後，急減，団粒内部で脱窒
線虫，原生動物	有機物とともに摂食	切断される	消化される		

図 5.6　ミミズの消化管プロセス（金子，2015）

体重（湿重）1 g あたりで落葉が 10〜80 mg（乾燥重）程度摂食され，土壌では 1〜2.5 g 程度摂食される（Curry and Schmidt, 2007）．ミミズの消化管はきわめて単純だが，体の大きな割合を占めている．

　落葉は樹種や腐朽段階によって選択性があり，窒素が多い葉，リグニンやタンニンが少ない葉がより好まれ，落葉に付着した菌類も餌の選択性に影響を与える．また，センチュウや原生生物の多い土壌を好むことから，センチュウや原生生物も土壌とともに食べられ，餌として消化される．

　ミミズの腸内における食物の滞留時間は 2〜20 時間程度であり（Brown, 1995），食物は腸内にゆっくりととどまることなく排泄されてしまう．ミミズには歯のような固い組織がないが，ミミズが餌を摂食すると，砂嚢ですりつぶしが行われ，腸内で有機物と土壌が混合される．このとき，食物に対して 12〜16％程度の可溶性有機物がミミズから粘液として供給され（Barois and Lavelle, 1986），腸内の含水率や窒素量が向上する．ミミズもさまざまな酵素を分泌しセルラーゼももつものの（Nozaki *et al.*, 2009），ミミズ自身の酵素分泌を含む直接的プロセスよりも，土壌や落葉に付着している微生物の活性を消化管内で高め，微生物が消化管内で分解した有機物を腸から吸収する共生消化とよばれる間接的プロセスを利用していると考えられる（Brown, 1995；Trigo *et al.*, 1999）．とくに，表層採食地中性種は，落葉溜まりにいったん落葉を集め，しばらく微生物による落葉の分解が進行してから数週間後に摂食することが観察され，反芻動物がルーメン（第一胃）で

の餌の消化に際してルーメン微生物を利用するように，外部ルーメンを利用した共生消化であると考えられる（Hamilton and Sillman, 1989）.

土壌に比べると消化管内では培養可能な細菌数が大きく増加し，嫌気状態となり，脱窒が起こることがわかっている（Drake and Horn, 2007）.

5.4 土壌形成

ミミズの摂食や排糞，粘液の排泄，坑道形成などにより土壌構造や微生物の活動が変化する．ミミズの土壌形成機能は古くから注目され，進化論を発表したダーウィンの生涯にわたる研究テーマの１つであった.

排泄された糞では，微生物活性が高く有機物の分解が促進される．糞は耐水性団粒であり（Kawaguchi *et al.*, 2011），ヒトツモンミミズの場合，直径 2〜10 mm 程度である．熱帯には，高さ数十 cm の糞塔を形成する種も存在するが，土壌中にも大量の糞塊を排泄すると考えられる．ミミズの活動により，最大で１年に1250 t/ha の糞塊が排泄される（Blanchart *et al.*, 1999）．排泄直後の糞はミミズによって排泄されたアンモニア態窒素に富むが，排泄後 4 週間でその約半分が硝酸態窒素に酸化される（硝化）（Kawaguchi *et al.*, 2011）（図 5.7）．土壌中の微生物はほとんどが休眠状態であり，ミミズが排泄した低分子有機物と適度な水分があると周囲の微生物活性が向上し，有機物の分解を促進する．ミミズが存在すると，摂食–排糞を通じて土壌粒子が団粒化されるため，2 mm 以上の団粒の割合が増加する．団粒の内部は複雑な副次構造を有するため，糞塊内にはさまざまなサイズの空隙が形成され，ほかの生物の棲息環境を創出することになる．さらに，団粒表面の微細構造により，毛管水として水が強く保持されるため，土壌の保水性が向上する．このようなミミズ糞塊の物理性化学性により，土壌環境が大きく変化する．なお，団粒は長期にわたって残存するため，ミミズがいなくなってもミミズの影響が長期的に残ることになるので，ミミズは生態系改変者ともよばれる.

土壌中でミミズが活動すると，坑道が形成される．オウシュウツリミミズでは，1 年間に 82.3 km/ha の坑道が形成されることが推定されている（Langmaack *et al.*, 1999）．この結果，土壌の通気性・透水性が向上し，土壌深層まで酸素や水分が供給され，植物の根も深層まで伸びることが可能になる（Kavdir and Ilay, 2011；図 5.8）．ミミズは体表に粘液を分泌するが，ミミズの体からの炭素消失量

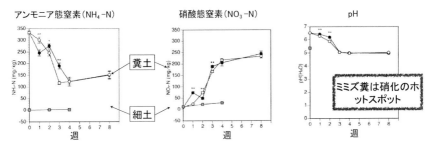

図 5.7 ミミズの糞土中の無機態窒素と pH の時間変化（Kawaguchi *et al.*, 2011）

図 5.8 左右に伸びるミミズの坑道（白矢印，直径方向）に沿って生育している植物の根（黒矢印）

は呼吸量よりも粘液を通しての量のほうが大きいことが明らかにされている（Scheu, 1991）．したがって，ミミズからきわめて多量の粘液が排泄されて坑道に付着し，微生物活性が向上し，これを餌資源としてさらに多様な生物が棲み着くことになる．

5.5 ミミズの活動と植物の生長

ミミズがいる土はよい土であるとよくいわれてきたが，はたしてそうであろうか．ポットを用いた栽培試験では，ミミズを加えることによって容易に植物の生長促進効果がみられる．しかし，野外ではミミズの棲息数と作物の関係は明瞭でないことが多い．これは，ミミズが土壌動物の中では個体数の季節変化が大きい

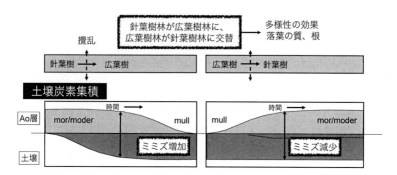

(a) 樹種交替にともなう土壌炭素集積への変化

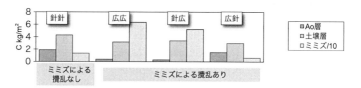

(b) 土壌炭素量とミミズ現存量

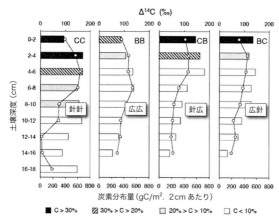

(c) 土壌炭素量(棒グラフ)と放射性炭素同位体比の垂直分布

図 5.9 森林の植生とミミズの活動の関係(Toyota et al., 2010 を改変)

こと，ミミズの土壌を介しての影響は生態系改変者として間接的に土壌構造や有機物を変化させ，そのことが微生物やほかの土壌動物の変化を通して植物の生長に関係するので，ミミズによる直接的な因果関係がわかりにくいことによる．

　第1章で示したように，温帯では，落葉広葉樹林と草原でミミズの現存量が最も多くなる．温帯林ではミミズがムル（Mull）型の腐植を作るのに貢献している（Ponge, 2013）．たとえば，常緑針葉樹（モダー（Moder）型腐植）と落葉広葉樹（ムル型腐植）が台風の撹乱によって交代した北海道の森林では，常緑針葉樹よりも落葉広葉樹が生育する土壌により多くの土壌動物が棲息しており，その大部分がミミズであった（図5.9）．炭素の放射性同位体を用いて土壌炭素の垂直分布を調べたところ，広葉樹林で増加したミミズの活動は有機物を土壌のより深い層まで移動させており，50年という短い期間で交換性カルシウム，マグネシウム，カリウムが植生によって変化していた（Iwashima *et al.*, 2012）．

　ミミズの糞は粗大な耐水性団粒となる（Kawaguchi *et al.*, 2011）．糞団粒の内部と外部では微生物相が異なり，内部では嫌気的になりやすく，団粒中の有機物の分解は抑制される．ミミズが落葉を食べて消化することは有機物の分解を促進するが，一方で未消化の有機物が団粒中に閉じ込められると，土壌中に長く貯留されることになる．この相反する効果は，炭素動態を長期的にみると分解の促進の効果が大きい（Lubbers *et al.*, 2017）が，土壌中の炭素濃度を高めたり団粒構造によって物理性を向上させたりすることは，炭素動態以外の生態系機能を高めているといえる．

　農地を対象とした最近のメタ解析では，農地ではミミズがいることで作物の収穫量が25%，地上部の植物現存量が23%増加することがわかった（van Groenigen *et al.*, 2014）．また，このミミズの効果は収穫残渣をなるべく農地に戻すことで大きくなり，合成窒素肥料を散布する農地ではみられなくなる．また，農地を耕起することは，ミミズの現存量を減少させる（Briones and Schmidt 2017）．したがって，ミミズの効果は，第11章で述べる保全農業の土壌管理（不耕起，有機物マルチ，輪作）において，よりはっきりするだろう．　　　　　　　　　　　**南谷幸雄**

6

土壌微生物と土壌動物の相互作用

　土壌動物は微生物と互いに関係をもちながら生活している．相互作用の様式は関係する生物種の組み合わせにより変わってくるとともに，関係する生物のその場での振る舞いや進化，ひいてはそれらをとりまく生物群集の構造や物質移動にも影響する．したがって，どのような相互作用がどれくらいみられるかということは，生物の種数や現存量とならんで，その生態系の性質を特徴付ける重要な指標である．

　本章では土壌微生物としておもに真菌類（場合によりバクテリア）をとりあげ，土壌動物と微生物の相互作用について，その特徴をふまえた上で，これまでに知られている土壌動物と土壌微生物の相互作用について例をあげて紹介する．

6.1　生物間の相互作用

　生物間の相互作用の様式として栄養摂取，競争，繁殖体の散布などがあげられる．これらの作用を通して互いの生物は利益を得たり害を受けたりする．たとえば，栄養摂取の場合，摂取する生物には利益になるが，摂取される生物には不利益になる．利益，害，無害をそれぞれ＋，－，0の記号で表すことにすると，2種が相互作用により受ける効果を（＋，－）のように表せる（表6.1）．栄養摂取の例では，栄養を摂取する生物と摂取される生物の受ける効果を（＋，－）と表すことができる．

　土壌動物は土壌微生物を餌とする種が多く，土壌微生物と土壌動物の相互作用はしばしば，地上の植物と植食動物の相互作用と類似したものとして議論される．移動能力に乏しい生物（微生物と植物）を動物が摂食する点や，餌生物の繁殖体（真菌類の胞子などと植物の種子など）を動物が散布しうる点が共通する．移動能力に乏しい微生物は有毒物質を生産するなどの防御手段を進化させてきた．それ

6.1 生物間の相互作用

表 6.1 種間相互作用の効果に基づく種間関係のタイプ分け

微生物が 受ける効果	動物が 受ける効果	種間関係
+	+	相利 動物散布（報酬あり）
+	0	片利 動物散布（報酬なし），着生
+	−	片利片害 寄生，消費
0	+	片利
0	0	中立
0	−	片害
−	+	片利片害 摂食
−	0	片害
−	−	競争

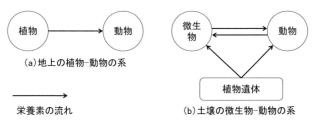

図 6.1 地上と地下の二者間の栄養関係

とは反対に，食べにくる動物を自身の繁殖体の散布に利用する場合もある．

一方，土壌の微生物−動物の系では，双方が従属栄養生物である点で，地上の植物−動物の系とは異なる．地上の植物−動物の系では，動物が植物から栄養素をとることの方が一般的である（図 6.1a）．一方，土壌微生物には動物から栄養素をとる種も多い．さらに，植物遺体を分解する種でも条件的に動物病原性を示す種も多い．土壌動物は微生物を一方的に食べるだけではなく，微生物に消費されるリスクを負っている．

また，土壌動物も植物遺体を食べることが多く，土壌動物と土壌微生物の間で植物遺体などの栄養源をめぐる競争も起こりうる（図 6.1b）．このような土壌微生

物と土壌動物の関係は動物同士あるいは微生物同士の関係にも似ている.

さらに，難分解性の有機物や鉱物粒子が普遍的に存在する土壌においては，微生物による植物遺体の化学的改変や土壌動物による土壌構造の物理的改変を介した間接的な相互作用が重要なはたらきをしている．前者の作用は動物の消化を助ける腸内微生物のはたらきと似ており，土壌生態系全体がまるで動物の腸内のようである.

6.2 栄養摂取

栄養摂取の方法は摂食や吸収など生物の種類により異なる．捕食は広義では生きている生物を消費することを意味するが，本章では，生物を殺して消費するという狭義の意味で用いる．土壌動物が単細胞の微生物をまるごと食べる場合は狭義の捕食といえるが,土壌中に広がる菌糸体の一部のみを食べる場合には摂食(たべものを体内に入れること）や菌食，消費という語を用いる.

真菌類やバクテリアは消化管をもたず体表面からの吸収により栄養素を摂取する．栄養素を体表から吸収する微生物は，栄養源を体内に取り込む必要がないので，自身よりも大きな生物からの栄養摂取が容易になる．また体が小さいのでほかの生物の体表に付着したり，体内や細胞内に入り込んだりして生活することも可能である．このように，ほかの生物の外部あるいは内部に棲息し，その生物から栄養素を摂取する生活様式を寄生（parasitism）といい，寄生する側を寄生者（parasite），寄生される側を寄主（宿主，host）という.

真菌類の栄養摂取様式は摂取される生物の状態によって，腐生栄養（saprotrophism），殺生栄養（necrotrophism），生体栄養（活物栄養または生物栄養，biotrophism）の3つに大きく分けられる（柿嶌・德増，2014）．腐生栄養は生物遺体から栄養素を摂取する方法である．殺生栄養は生きた生物の細胞を殺し分解しながら栄養を摂取する方法である．生体栄養は相手の細胞や組織を殺すことなく生きた細胞から栄養素を摂取する方法である．本章ではこの分け方をバクテリアにも適用する．菌糸のように長い体をもつ真菌類では,同時に複数の栄養をとりうる．たとえば担子菌門のオオキツネタケはマツに対しては外生菌根形成により生体栄養を行い，植物遺体を分解することで腐生栄養を行い，条件的にトビムシを捕捉し殺生栄養を行う.

6.2.1　土壌動物による微生物の摂食

　土壌動物は利用する微生物の種類に選好性を示すが，広食性で動物種間での食性分化の程度が低いといわれている．土壌中では非常に狭い範囲に多くの微生物が存在している．しかし，仮にそれらの餌に対する好みがあったとしても，土壌構造物が障害になったり，微気候により制限を受けたりして，好みの餌へ到達できるとは限らない．また，好みの餌だけを食べられるかは動物の体の大きさにもよる．大型になると特定の微生物種だけをついばんで食べることが難しく，必然的に複数の微生物を混食するようになる．さらに，微生物と一緒に微生物の生育基質を食べることも普通にみられる．

　このような要因のため，土壌動物では広食性が有利であると考えられている（Maraun, 2003）．また，自然界で利用する餌生物の種類は，微生物の種類に対する好みだけでなく，微気候や微生物の生育基物に対する好みにも左右される．そのような与えられた環境で質の悪い餌を利用するしかない場合は，餌の質を量で補うことができれば有利だろう．また，混食により利益を得られれば有利かもしれない．

　土壌中では非常に狭い範囲に多くの微生物が存在しており，その中で特定の微生物の種だけを選んで食べられるかは動物の体の大きさにより異なる．センチュウやトビムシやダニ，ワラジムシ，ミミズなど小型のものから大型ものまで多くの土壌動物が真菌類やバクテリアを食べている．センチュウなどの小型土壌動物は体幅が真菌類の菌糸よりも細い場合もあり，特定の微生物種を選んで食べることができる．トビムシやダニなどの中型土壌動物も選択的な摂食が可能である．真菌類を摂食する場合は，体が大きくなるにつれて菌糸の集まったものをまとめて口にするという食べ方になる．また，微生物とともに微生物の生育基物を食べることも普通にみられる．ミミズのような大型土壌動物になると，特定の微生物種だけをついばんで食べることが難しくなり，微生物と一緒に微生物の生育基物を食べることも普通になる．ただし，キノコ（真菌類の巨視的な子実体）を食べる場合は，どのサイズの土壌動物も菌体のみを食べることができる．

　土壌動物種間の食性分化の程度は，植食昆虫のものと比べて低い（Maraun, 2003）．室内での食餌選択試験では，餌生物の種類に対し土壌動物の種ごとに異なった選好性を示すが，土壌動物全体としては同じような微生物種（たとえば暗色の菌糸をもつ真菌類のグループ）を好む傾向にある．土壌動物と餌となる微生物

の間に種特異的な関係があるとは考えられていない．食性の分化は複数の種が共存するための機構の1つであるが，土壌動物ではその重要性は低いと考えられている（Maraun, 2003）．

ただし，室内試験で同じ好みを示したとしても，野外では棲息場所選択性やそのほかの要因で利用する微生物の種類に違いが生じることがある．たとえば，ある2種のトビムシは室内で食餌選好性に違いがみられないが，野外で利用する餌生物種に違いがみられた．この違いは微棲息場所の好みの違いを反映したもので，異なる棲息環境でそれぞれ利用可能な餌を食べた結果として生じると考えられている（Vegter, 1983）．

落葉や土壌と一緒に微生物を摂食するような動物では，それらの食物に対する好みにより利用する微生物の種類が左右される．落葉では分解が進むにともない出現する微生物の種類が遷移していく．表層性（epigeic）と表層採食地中性（anecic）のミミズは分解初期の落葉に好みを示し，地中性（endogeic）のミミズは分解の進んだ落葉やデトリタスに好みを示した．結果としてそこに棲息している特定の微生物種を利用することになる．分解初期の落葉を好む表層性のミミズでは，落葉分解の後期に定着する真菌類（リグニンなどを分解する）よりも，初期に定着する真菌類（糖などを分解する）のほうに好みを示した（Bonkowski *et al.*, 2000）．この場合，真菌類に対する選好性が野外で好みの分解段階の落葉を選ぶ際の一助になっていると考えられる．

キノコを食べる土壌動物では，種ごとに特定のグループの菌種と関係をもっているようにみえる．3種の同属トビムシを調べたところ，いずれの種も広食性でさまざまな菌種の子実体を利用していたが，各菌種の利用頻度はトビムシ種間で異なっていた．トビムシが野外で利用する菌種の違いは，子実体そのものに対する好みの違いを反映していた（中森, 2009）．地上部に形成される子実体を利用する場合，土壌中よりも特定のグループの真菌類にたどり着くのが容易なのだろう．

質のよい餌（食べた際に個体や個体群の成長がよくなる餌）を利用できず質の悪い餌を食べる場合，質の悪さを量で補うような食べ方を補償摂食（compensatory feeding）という．土壌動物で補償摂食が示された例は少ないが，餌としての質がよい真菌類よりも質が悪い真菌類を多く摂食するという観察例も多い（Haubert *et al.*, 2004）．土壌では補償摂食により少しでも餌の質の悪さを補うことができると有利になるだろう．

混食により利益を得ている場合もある．ある種の真菌類と藻類をそれぞれ単独で与えた場合よりも，混ぜて与えたほうがトビムシの繁殖がよくなった（Scheu and Folger, 2004）．複数の餌を食べることで1種の餌では足りない養分が補われたためだと考えられる．

6.2.2 微生物への影響

小型土壌動物から大型土壌動物まで，各個体の摂食量はわずかであるとしても，個体群あるいは群集としては微生物に多大なインパクトを及ぼしうる密度で棲息している．摂食による影響は微生物の生長や，増減，被食防御形質の進化，群集組成の変化，物質の流れなど多方面に及ぶ（Crowther *et al.*, 2012）．

防御（defense）は攻撃やその影響を減らすことで適応度を上げる形質のことをいい，その方法としてエスケープ（escape），抵抗性（resistance），耐性（tolerance）がある．エスケープは天敵が活動する時間や空間に自身の利用性を下げることである．抵抗性は自身を天敵に好まれなくしたり天敵のパフォーマンスを下げたりすることで攻撃の量を減らす要因のことで，有毒物質の生産などによってもたらされる．耐性は攻撃を受けても適応度を下げないような能力のことで，以下に述べる補償生長はこれにあたる．

被食抵抗性にはその手段として物理的なものと化学的なものがあり，発現するタイミングから恒常的抵抗性（constitutive resistance），創傷活性抵抗性（wound-activated resistance），誘導抵抗性（induced resistance）に分けられる．

恒常的抵抗性はその防御形質を常に発現させているものである．子嚢菌門や担子菌門の真菌類の産するある種のレクチンはセンチュウに対し毒性をもち，子嚢菌門のコウジカビの仲間のもつメラニンやステリグマトシスチンはトビムシに対して成長阻害作用をもつ（Rohlfs, 2015）．また，キノコに関しては，担子菌門のニオイコベニタケやスギエダタケが子実体表面にトビムシに対する致死作用を示す突起状の細胞をもつことが知られている（中森，2009）．

創傷活性抵抗性は，傷害を受けることであらかじめ備えていたものが反応して発現する形質である．担子菌門のベニタケ属（*Russula*）の子実体では傷をつけると貯蔵していた物質が辛み成分になる（Spiteller, 2008）．子嚢菌門のヘラタケやツバキキンカクチャワンタケの子実体は傷を受けるとトビムシに対する忌避作用を示すようになる（中森，2009）．これらの反応は菌食動物に対する創傷活性抵抗

かもしれない.

誘導抵抗性は，消費者と遭遇してから発現する形質のうち，新規生合成をともなうものである．子嚢菌門のコウジカビの仲間であるアスペルギルス・ニデュランスではトビムシに摂食されることによりステリグマトシスチンなどの二次代謝産物の生産が増加する（Rohlfs, 2015）．実際に一度摂食された菌糸体は再びトビムシに摂食されにくくなり，そこでのトビムシの成長が遅くなる（Rohlfs, 2015）．また，担子菌門のウシグソヒトヨタケの栄養菌糸体に菌食性センチュウを接種すると，センチュウに対して毒性を示す2種のレクチンの発現量が上がった（Bleuler-Martínez et al., 2011）．

土壌動物が菌糸体の一部を食べる場合，残りの菌糸体の生長が促進されることがある．このような反応を補償生長（compensatory growth）という．この補償生長の量は被食の程度に依存し，過度の被食により菌糸体生長は阻害される（Crowther et al., 2012）．トビムシは中密度では菌糸体生長を促進するが，高密度では生長を阻害する．また，センチュウやトビムシなどの小型・中型土壌動物が生長を促進しても，ワラジムシのような大型土壌動物は生長を阻害する場合がある．このことは，動物の密度や種類により，物質循環における役割が違うことを意味している（Crowther et al., 2012）．土壌動物は摂食により生長を促進する場合には真菌類による分解活動を介して物質循環に関与するのに対し，生長を阻害する場合には真菌類に保持されていた栄養素を糞として植物に供給することで物質循環に関与する（Crowther et al., 2012）．

土壌動物は摂食により真菌類種間の競争排除を緩和することもある．ワラジムシが菌種間の競争に強い種を選択的に摂食することで，その生長を阻害し，競争に弱い菌種の生育を助けた（図6.2）．一方，センチュウは競争に弱い菌種を選択的に摂食することで，補償生長を誘導しその菌の競争力を高めた．動物の種類により異なった機構で菌種間競争に弱い菌種の生育を助けるということが室内試験で示された（Crowther et al., 2011）．野外でもトビムシが菌種間競争に強い種を選択的に摂食することで競争に弱い種の生育を助けていることを示す観察もある（金子, 2007）．

土壌動物は消化管を通過させることで微生物群集の組成を変化させる（金子, 2015）．ミミズが落葉や土壌を食べると微生物群集がそのまま消化管内に入ることになる．食物と消化管内と糞中でバクテリアの群集組成が異なることが示されて

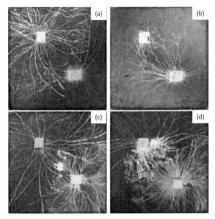

図 6.2 ワラジムシとセンチュウの摂食による 2 種の菌種間の競争関係への影響 (Crowther *et al.*, 2011)
(a), (b) *Resinicium bicolor* 対 *Phanerochaete velutina*, (c), (d) *Resinicium bicolor* 対 *Hypholoma fasciculare*, (a), (c) 摂食なし, (b) ワラジムシ (*Oniscus asellus*) の摂食あり, (d) センチュウ (*Panagrellus redivivus*) の摂食あり.
動物がいることで菌種間の競争結果が変わる. ワラジムシは競争に強い種を排除し, センチュウは競争に弱い種の生長を促進した.

おり,ある種は増加し,ある種は減少し,またある種は活動が促進される.消化管内で粉砕,消化されずに生き残れる微生物の種類が異なることや,栄養状態や物理的構造が改変されることでこのような変化が生じると考えられる.

6.3 微生物による土壌動物の消費

　移動能力に乏しい微生物は胞子などの散布体を用いて動物に感染し,寄生して栄養素を吸収するという方法をとる.また,胞子や栄養菌糸の状態で栄養源となる動物がくるのを待ち伏せるという方法もとられる.動物は卵のときには動くことができない.そのような場合,真菌類は菌糸伸長による探索でも動物に感染することができる.土壌には植物遺体など微生物の生育基物となるものが普遍的に存在しており,それらを栄養源としつつ条件的に動物を消費する微生物種も多い.栄養基質の特異性は,一般に内部寄生性の種では高く,条件的殺生栄養の種では低い.

6.3.1 殺生栄養

胞子や分生子などの散布体で感染し，動物体内で栄養素を吸収したあとに動物の体外に散布体を形成するという寄生生活をする真菌類が知られている（柿島・徳増, 2014）．子嚢菌門のクモタケはジグモに寄生する．また，ツボカビ門，ネコブカビ門，子嚢菌門，担子菌門の真菌類にはセンチュウやワムシに寄生する種がある．ハエカビ目（かつて接合菌門に分類されていた）の真菌類にはワラジムシやトビムシ，ササラダニ，センチュウやクマムシに寄生するものが知られている．

センチュウやワムシなど小型の土壌動物を捕捉して消費する真菌類がある（柿島・徳増, 2014）．ビョウタケ類などの子嚢菌門に多くみられ，ヒラタケなどの担子菌門，トリモチカビ目（かつて接合菌門に分類されていた）にもみられる．センチュウ捕捉菌は，栄養菌糸上にリング状の構造物や毒素を分泌するノブ状の細胞を形成し，リングを通ったセンチュウをリングを絞って捉えたり，ノブに触れた動物を毒素を使って捕捉したりする．このようなトラップを作らずに動物を捕捉する種もある．センチュウよりもより大きなトビムシを捕捉する種もあるが（図6.3），それより大型の土壌動物になると菌糸で捉えることが難しいのかもしれない．これらの真菌類は栄養源を完全に動物に依存するわけではなく，植物遺体や動物遺体など多様な基質に生育する．腐朽材のような窒素源の少ない環境では動物を消費することで窒素を補っている．栄養源を添加することで，トラップの形成やセンチュウ捕捉の頻度が減少する．

6.3.2 生体栄養

ミミズの腎管（nephridium）に β-プロテオバクテリアの *Verminephrobacter* 属のバクテリアが棲息している（Davidson and Stahl, 2008）．このバクテリアは垂直伝播により子に感染する．産卵時にコクーン内にこの種を含むバクテリア群集が供給される．コクーン内での発生過程で腎管内に *Verminephrobacter* 属のバクテリアが選択的に定着するようになる．また，消化管内には $\gamma-$ と $\beta-$プロテオバクテリア類が非特異的に定着する（Davidson and Stahl, 2008）．ミミズの幼体はコクーンから土壌に出る前に腎管内と消化管内にバクテリアを有していることになる．これらのバクテリアについては，ミミズから栄養を得ていると考えられているが，宿主への作用はよく知られていない．

4章でも紹介されているように土壌動物から見つかる細胞内共生微生物として

6.3 微生物による土壌動物の消費　　　　　　　　　　　　　　　　　　　　81

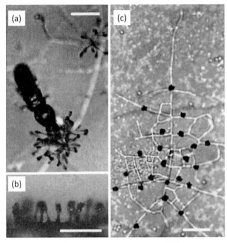

図6.3　トビムシ捕捉菌（*Arthrobotrys entomopaga*）(Saikawa *et al.*, 2010)
(a) 捕捉されたツチトビムシ科のトビムシ，(b) 粘着性ノブ（側面からみた図），(c) 菌糸ネットワーク上の粘着性ノブ（上からみた図），バーは各50μm.

α-プロテオバクテリア綱リケッチア目ボルバキア属のバクテリアがあり，これまでにトビムシやダンゴムシから見つかっている．ボルバキアは宿主から栄養素を摂取しているが，宿主はボルバキアから顕著な害を受けていないようにみえる．ただし，ボルバキアは宿主の生殖システムを操作する場合がある．ボルバキアは親から子へ垂直伝播により感染することができるが，その場合はオスからしか子に伝播できないため，ボルバキアにとってはオスに感染すると子孫を残せなくなる．そこで宿主の生殖性システムを操作することで垂直伝播の効率を高めている．ダンゴムシでは感染したオスを雌化させ，トビムシでは単為生殖（結果として，オスと交配せずにメスの子を残せるようになる）を引き起こすことが知られている（4.5節も参照）．

　移動に制限がある土壌深層部では，雌雄が出会うことが困難なため単為生殖は有利にはたらくと考えられる．表層性のトビムシではボルバキアに感染していたとしても感染率が低く単為生殖がみられない．一方，地中性のトビムシではボルバキアに感染していた種はすべて単為生殖をする種で全個体が感染していた（Tanganelli *et al.*, 2014）．オオフォルソムトビムシではボルバキアを除去すると繁殖できなくなることが示されている．この場合，トビムシとボルバキアは相利

関係にあるといえるかもしれない.

6.3.3 動物への影響と動物の反応

一般に動物病原性の真菌類は動物の数の制御に関与していると考えられるが,土壌動物で研究された例は少ない. 感染を防ぐための防御手段についてはいくつかの知見が得られている.

微生物に対する防御手段として植物では一般に,フェルト状に毛を生じる(毛により微生物を体表に付着させない),疎水性の体表をもつ(付着した散布体の生育に必要な水分の供給を抑える),抗生物質を産するといったものがあげられる. これらは動物にもあてはまるだろう. 動物ではこれらに加えてグルーミングなどの行動による手段をとることができる.

ムカデやハサミムシなどの大型土壌動物では,親が卵をグルーミングし真菌類の攻撃から守ることが知られている. ハサミムシの卵に周囲に棲息する真菌類の胞子をふきつけたところ,グルーミングの頻度が増えた(Boos *et al.*, 2014). また,その際にグルーミングをさせないようにすると卵の孵化率が著しく下がった.

卵に糞やバクテリアを塗布する土壌動物もいる. ミミズは卵とともににバクテリアを卵包内に封入する(Davidson and Stahl, 2008). それらのバクテリアが作る抗生物質の力をかりて卵をほかの微生物から保護しているという可能性が考えられている(Davidson and Stahl, 2008).

6.3.4 どちらが消費する役にまわるか

同一種の微生物がある種の動物を消費するが,別の種の動物に消費されるということもある. たとえば腐生菌のヒラタケでは,栄養菌糸体は条件的にセンチュウを消費することができるが,子実体はヒラタケシラコブセンチュウという別の種のセンチュウに消費される(津田, 2000).

真菌類と動物の種の組み合わせが同じでも,条件により消費する役と消費される役が入れかわることが室内の実験で示されている(Morris and Hajek, 2014). ある種のセンチュウは木材腐朽菌の *Amylostereum areolatum* の菌糸体を食べて増殖することができる. ところが,基質の種類を変えて培養した菌糸体にそのセンチュウの卵を接種したところ,いくつかの卵に菌糸が侵入し,基質の種類により孵化率が変わった. 長期間培養すると,同じ菌糸体上で真菌類を食べて増殖す

6.5 繁殖体の散布　　　　　　83

る個体と真菌類に消費される個体が混在する状態になった.

6.4 競　　　争

　ある資源をめぐり競争関係にある生物では，互いの存在が互いに負の影響を与える. 競争には干渉型競争と消費型競争があり，前者は競争相手を追い払うなど直接的な作用を与える場合を指し，後者は資源を消費した結果として相手の利用できる資源が少なくなる場合を指す（消費型競争については6.7節を参照）. 腐生菌と土壌動物の間には栄養源となる生物遺体をめぐる競争が，動物病原菌と捕食性土壌動物の間には栄養源となる動物をめぐる競争が，菌寄生菌と菌食性土壌動物の間には栄養源となる真菌類をめぐる競争があると考えられる.

　土壌でみられる現象とはいえないかもしれないが，真菌類と動物の競争関係のモデルとして，腐った果実を消費する真菌類とショウジョウバエの幼虫の関係があげられる（Rohlfs and Churchill, 2011）. 真菌類とショウジョウバエの幼虫はともに果実を消費し，真菌類が多いとショウジョウバエの幼虫数が減少し，ショウジョウバエの幼虫数が多いと真菌類が生育できない. ハエ幼虫には真菌類の二次代謝物による有害影響がみられることから，干渉型の競争といえる. ただし，この系では競争以外にも真菌類によるハエ幼虫への感染，ハエ幼虫による菌食などの栄養関係もみられる.

6.5 繁殖体の散布

　動物は微生物の繁殖体（胞子や増殖可能な体の一部など）を散布することで微生物に利益を与えうる. 散布するという行為自体に栄養関係は含まれないが，微生物が動物に散布される過程に栄養関係を伴うことが多い. 散布する動物に栄養素を摂取される場合，その栄養源を報酬という. 体の一部や繁殖体の一部を摂食される場合は報酬を与えていることになり，栄養素を得る動物と散布される微生物の双方に利益があるので相利関係にあるといえる. 通りがかった動物に繁殖体を付着させて散布させるだけの場合は報酬がないので，微生物だけが利益を受ける片利作用になる.

　多くの微生物は風や水により繁殖体を散布していると考えられているが，土壌

動物による散布の可能性も指摘されるようになってきた．空間的に広く存在する基質を利用する場合は，風でその基質に運ばれて行く可能性は高い．それに対し，偏在する基質や土壌中に埋もれた基質（たとえば菌根菌の場合の植物の根など）を利用する種にとっては，一定の方向に移動したり，土壌中を垂直方向に移動する動物を利用する価値があると考えられる(Halbwachs and Bässler, 2015)．とくに落葉・落枝下面や土壌中にとっては土壌動物による散布の価値は高くなるだろう（Lilleskov and Bruns, 2005)．

動物散布（zoochory）の方法は2つに分けられる．動物が散布体（散布されるもの）を体外に付着させて運ぶことを動物付着散布（epizoochory）といい，散布体を摂食して運ぶことを動物被食散布（endozoochory）という．これまでに，ダニ，トビムシ，ヒメミミズ，ミミズ，ヤスデなど多くの土壌動物で，体表や体内に胞子を保持していることが確認されている（図6.4)．動物被食散布よりも動物付着散布のほうが散布に貢献しているといわれているが（Visser *et al.*, 1987)，十分に評価されていない．

土壌動物に摂食された真菌類の胞子の生存率は，種の組み合わせにより異なる．動物に食べられた胞子は，土壌中に棲息する菌種とトビムシ種の組み合わせでは，一部は損害を受けるが発芽可能なものもあるのに対し（Dromph, 2001)，地上のキノコとそれを食べるトビムシ種の組み合わせではほとんど100％のものが壊される（中森，2009)．風のない土壌中では動物散布の重要性が高いのだろう．

胞子の大きさにより散布する動物種が変わってくる．キノコの胞子の直径は

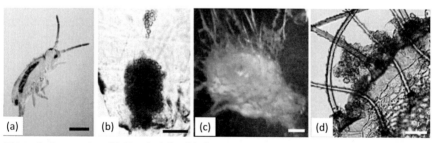

図6.4 トビムシやダニに運ばれる担子菌門菌根菌 *Tomentella sublilacina* の胞子 (Lilleskov and Bruns, 2005)
(a) トビムシ，(b) トビムシの消化管内の胞子，(c) ササラダニ，(d) ササラダニの体表に付着した胞子．
バー：(a) 50μm，(b) 500μm，(c) 100μm，(d) 25μm．

10 μm 程度なのに対し，アーバスキュラー菌根菌は直径 20～500 μm の大型の胞子を土壌中に形成する．この胞子は地中性の小型のトビムシには大きすぎて食べられないと考えられるが（Maaß *et al.*, 2015），ミミズのような大型の動物には摂食されて運ばれる（Brown, 1995）．胞子が大きいことで，移動能力の高い動物に運ばれることになる．

6.6 着 生

着生（inquilinism）とは別の生物を棲息場所として生活することであり，片利作用がはたらく生活様式の1つである．アセラリア科（かつて接合菌門に分類されていた）の真菌類にはワラジムシやトビムシの腸壁に付着して生活するものもある（柿島・徳増, 2014）．トビムシに着生する種では，トビムシに食べられた胞子が消化管内で発芽し腸壁に付着し，消化管内容物から栄養素を摂取する．脱皮により消化管腸壁も脱ぎ捨てられるのでその際に脱皮殻とともに体外に出される．その後胞子を形成し再びトビムシの口に入る（Degawa, 2009）．この真菌類はトビムシに棲息場所と栄養源の供給を受けることで利益を得ている．一方，トビムシには病徴がみられず，また利益があるようにもみえない．したがって片利関係にあるようにみえる．しかし，真菌類がトビムシになんらかの利害を与えている可能性もある．また，両者が栄養関係にある可能性も否定できない．

6.7 間接的な相互作用

ある生物の作用が別の生物に直接届かなくても，第三者や非生物を介して間接的に影響を与える場合がある．たとえば，消費型競争は資源を介した間接的な相互作用といえる．以下にみられるような間接的な相互作用は土壌動物の機能を知る上で重要なものが多い．

土壌動物が微生物に及ぼす間接的な作用として，大型土壌動物による落葉粉砕や土壌構造の改変が知られる（金子, 2007）．ワラジムシなどが摂食を通して落葉を粉砕することで，微生物が利用可能な落葉の表面積が変化する．また，ミミズなどのより大型な動物は穴を掘ったりして微生物の棲息場所の構造を変化させる．大型土壌動物の活動が落葉や土壌を介して間接的に微生物に作用していると

いえる．

　さらに，土壌動物は糞として微生物に栄養素と棲息場所の資源を提供する（金子，2007）．この場合，排糞後に新たに利用可能になった資源を利用する微生物にとっては，土壌動物の摂食活動による植物遺体と土壌粒子の改変を介した間接的な作用といえるだろう．もともと糞に含まれていた微生物は消化管通過の過程でなんらかの直接的な作用も受けている．

　一方，微生物から土壌動物への間接的な作用としては，植物遺体など土壌動物の栄養源となるものの化学的改変があげられる（図6.5）．植物遺体はそのままでは動物にとって利用しにくい資源であるが，微生物による分解を受けて有毒物質が減ったり消化吸収できる栄養素が増えたりして利用しやすくなる場合がある．利用可能になった植物遺体を動物が食べる場合，その動物は微生物からの間接的な作用を受けていることになる．微生物と利用可能になった植物遺体の両方を食べる場合は，直接的な相互作用と間接的な作用が含まれる．

　土壌動物は直接微生物を摂食するだけでなく，間接的にも微生物と相互作用している．さらに糞を食べることもある．土壌動物の体外に草食動物の消化管内(ルーメン)のような環境が形成されることになり，土壌は外部ルーメンとよばれる（金子，2007）．外部ルーメンは消費する・される，および消化管を通過させる・させられるという直接的な相互作用とともに，土壌動物による構造改変や，微生物による化学変換を介した間接的な作用がはたらき合っている複雑な系である．

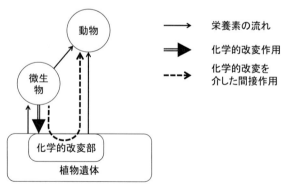

図 6.5 微生物による植物遺体の化学的改変を介した微生物と土壌動物の間接的な相互作用

6.8　消化管内共生

　草食動物やシロアリの消化管内には特定の微生物が棲息し，宿主の消化を助けたり，宿主に消費されたりすることが知られている．シロアリ以外の土壌動物の消化管内にも微生物がみられ，一部は宿主と一定の関係をもっていると考えられる例もあるが，消化を助けるといった例は確認されていない．ミミズの腸壁にはある種のバクテリアが棲息している（Thakuria *et al.*, 2010）．しかし，これらの微生物と動物の間に栄養のやりとりがあるのか，消化を助けるような関係があるのかについては今後の研究が必要である．

6.9　間接的な相互作用の重要性

　土壌動物は摂食により微生物に多大な影響を及ぼす．微生物が有機物分解や菌根共生を通して植物の生育に影響していることを考えると，土壌動物の微生物摂食は陸上生態系全体を考える上で重要な相互作用様式である．一方，微生物による動物の消費は一般的には動物の個体群制御にかかわる相互作用様式であるが，土壌動物に及ぼす影響については知見が少ない．また，土壌動物による微生物の散布は相利関係を考える上で重要な相互作用である．さらに，植物遺体の化学的改変や土壌構造の物理的改変を介した間接的な相互作用は生態的にも機能的にも重要なものである．土壌生態系を理解するためには，摂食，寄生，相利といった相互作用だけでなく，これらの間接的な相互作用も包括的に評価していくことが必要である．

中森泰三

7

有機物分解，物質循環における機能

　一般に，「土壌動物の生態系における役割とは何か」という問いに対しては，有機物の分解者であると答える場面が多いだろう．また，土壌動物は有機物の分解を通して生態系の物質循環に寄与しているといういい方をされることもある．本章ではそうした土壌動物の生態系における重要な機能である，分解，物質循環に焦点をあてて解説する．ここでの説明は，土壌動物を全体的に扱った研究をおもに行い，各々のグループの機能のメカニズムの詳細などについては，各グループの章を参考にされたい．

7.1　土壌動物の機能群と分布

　第1章にもある通り，土壌動物の機能群は微生物食者，落葉変換者，生態系改変者の3つに区分される（Lavelle, 1997）．

　上記の3つの機能群は，落葉の分解に直接・間接に機能するグループであるが，実際にはこの3つに一次消費者である根食者（たとえば，根を摂食，吸汁するグループ）や，捕食者も含まれる．これらのグループは，大まかには大きさによる分類（第1章表1.2参照）と対応していると考えられており，微生物食者から生態系改変者の方向に個体サイズが大きくなっている．その機能の違いは基本的に何を食物にしているかを反映したものとなっている（表7.1）．

　1964年から1974年にかけて国際生物学事業計画（International Biological Program：IBP）というプロジェクトが実施され，世界中の生態系で生物のバイオマスや生産性，呼吸量などが測定された．森林における土壌動物全体のバイオマスの最大値は温帯林から亜熱帯林にあり，寒冷な地域や熱帯林は比較的少ないとされている（Petersen and Luxton, 1982）．Lavelle *et al.*（1995）は，地球規模において，各機能グループと緯度（温度）との関係をまとめた（図7.1）．これによる

7.1 土壌動物の機能群と分布

表 7.1 土壌動物の3つの機能群における餌とその機能の特徴

機能群	代表的分類群	餌	機能の特徴
微生物食者	アメーバ トビムシ ササラダニ	細菌,菌を 直接摂食	微生物との間の相互関係によって,現存量,成長,分散などに影響 細菌と菌では摂食された後の影響に違いあり
落葉変換者	ワラジムシ ヤスデ	デトリタスと 微生物	微生物も同時に摂食され,微生物食者の境界は不明瞭 落葉を粉砕,糞で排泄,糞食もあり セルラーゼなどの消化酵素を動物自身がもたず,微生物に依存
生態系改変者	ミミズ シロアリ	土壌食の動物	土壌物理性,物質循環速度の変化を通して,植物やほかの動物に影響 動物の死後も動物によって形成された土壌中の巣や坑道などの構造がほかの生物への影響が継続

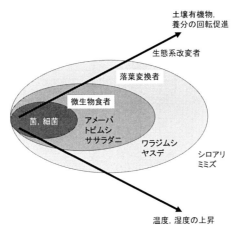

図 7.1 温度,湿度条件の変化と土壌動物の機能群の変化(Lavelle *et al.*, 1995 を改変)

と,緯度の高い(温度が低い)場所では,生態系の中で微生物と微生物食者のはたらきの重要度が高く,緯度の低下(温度の上昇)にともなって,生態系改変者のはたらきが大きくなってくるとした.世界的な分布で考えてみると,生態系改変者であるシロアリの分布は低緯度地域が中心であり,高緯度地方では,トビムシやダニ,原生生物による土壌生態系が形作られている.この原因として,微生物と強い共生関係をもつ生態系改変者が,微生物の活動条件がよくなる(温度,湿度が上昇)につれ,有利になるためと推察される.

一方,筆者らは,熱帯の山岳において,標高の違いによる土壌動物群集の変化を調査することができれば,Lavelle et al. (1995) の指摘が純粋に温度条件に沿ったものであるかどうかを確かめることができるのではないかと考えた (Ito et al., 2002; Hasegawa et al., 2006). この研究では標高による温度要因に加えて,地質の影響も考慮して土壌動物群集の違いを評価した. 調査地はマレーシア・サバ州の標高 4100 m を誇るキナバル山で,異なる 4 標高 (700, 1700, 2700, 3100 m) に,2 つの地質 (堆積岩と超塩基性岩) の合計 8 地点のプロットを設け土壌動物の採集を行った. 超塩基性岩の土壌では,窒素やリンなどの養分が乏しく,植物の生育も貧弱になる傾向がある. また,マグネシウム,クロム,ニッケルなどが多く含まれるため,しばしば母岩が生物の阻害要因になり,上記に対応した特殊な群集が成立しやすいとされる. 土壌動物のうち,生態系改変者の個体数の変化をみると (図 7.2),標高の高いプロットと標高の低いプロットで個体数が多いという結果が得られた. 標高の低いプロットではシロアリの個体数が多く,その個体数は標高が上がるとともに減少した. 一方,標高の高い超塩基性岩を母岩とするプロット (31U) ではミミズの個体数が多く,必ずしも Lavelle et al. (1995) の指摘と一致しない結果となっていた. このような,温度変化の一般的なパターン

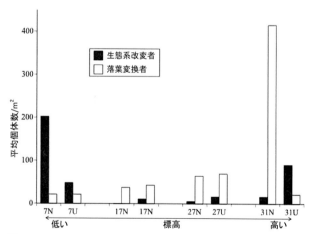

図 7.2 キナバル山の異なる標高,地質の森林における生態系改変者と落葉変換者の個体数の変化

7, 17, 27, 31 は 700, 1700, 2700, 3100 m 地点を示す. N は堆積岩,U は超塩基性岩の母材をもつ.

にあてはまらない分類群の分布は気温の変化以外の別の要因が影響していると考えられる．ミミズの場合，高標高のプロットにおいて大きな糞塊を生産する種（*Pheretima darnleiensis*）がとくに増加する傾向があり，そのような種の存在が個体数の増加に影響した可能性がある．落葉変換者は，おおむね，高標高で増加し，とくにヨコエビ類が高標高でのみ出現することから，Lavelle らのまとめに一致していた．微生物食者の代表であるササラダニの個体数は標高との関係が明瞭でなかったが，3100 m では減少した．一方，種数は標高が上がるにつれて減少した．このようなパターンが生じた原因は，種の供給源と考えられる熱帯低地部のササラダニ群集の種構成が制限となったためかも知れない．

7.2 土壌動物の分解への寄与

落葉，落枝の分解は微生物と土壌動物の相互作用によって生じている．一部のシロアリなどは自前の分解酵素をもっているものの，落葉などの主成分であるセルロースやリグニンを直接動物が消化するのは難しいとされている．したがって，土壌動物の分解への寄与は微生物の活動にいかに関与するかによって決定される．

たとえば，Visser（1985）は，土壌動物の微生物を介した分解への作用を次のように区分している．①有機物の粉砕，②有機物内のトンネル形成，③微生物の分散，④微生物を摂食することによる成長の促進や抑制．①，②の作用に関しては，土壌動物の作用によって有機物の表面積が増え，微生物による有機物の利用可能性を増大させることになる．また，③の作用では，微生物の有機物への定着の機会や頻度を土壌動物が制御することで生じる作用と考えることができるだろう．また，④の作用は土壌動物が，微生物を摂食することにより，微生物体内にある窒素，リンなどの養分を再度利用できるようにしたり，適度な摂食が微生物の生長速度を促進したりすることで生じる機能である．また，④の作用は，草食哺乳類による，草地の植物に対する摂食作用になぞらえることもある．これらの作用に加えて生態系改変者であるシロアリなどでは，体のサイズに比べて大きな消化管をもっており，体内の微生物との共生関係に強く依存している．この共生関係では消化管内に微生物や原生動物が棲息しそれらが出す消化酵素によって有機物が分解され，消化管から吸収する系が成立している．こうした系は，シロアリな

どでとくに発達しており，共生消化系とよばれることがある．

7.3 土壌動物は，落葉分解，物質循環にどのくらい関与しているのか

7.3.1 呼吸量からの推定

Petersen and Luxton（1982）が，IBP における土壌動物の現存量，呼吸量についてまとめた結果，多くの生態系において，土壌動物の呼吸量は土壌呼吸全体の5%程度と報告した．日本の IBP の土壌動物の集中的な調査は，志賀高原「おたの申すの森」の亜高山帯針葉樹林において行われた（Kitazawa ed., 1977）．ここでも，土壌動物の呼吸量は土壌呼吸全体の 4.2%と報告している．しかし，これらの推定においては原生生物の寄与が過小評価されているという批判がある（金子，2007）．たとえば，Schaefer and Schauermann（1990）が，原生生物も含めてドイツの石灰岩地のブナ林の土壌生態系のエネルギーの流れを調査した結果，同地では原生生物の1グループである根足虫類（Rhizopoda）の寄与が大きく，土壌動物の従属呼吸量に占める寄与率は 11%と，Petersen and Luxton（1982）のほぼ倍近い値となった．また同地のミミズが落葉を摂食する量は年間の落葉の分解量とほぼ等しいことから，ミミズ自体が落葉を消化して呼吸として排出することに加えて，微生物による分解を促進することによる間接的な寄与も重要であると考えられた．

7.3.2 土壌動物を制御して分解に与える影響を調べた実験

土壌動物が落葉の分解に与える効果を調べるために，メッシュのサイズを変えたリターバッグがよく用いられてきた．たとえば，メッシュサイズを 0.1 mm，2 mm，4.7 mm と変化させたリターバッグを用いることで，小型，中型，大型土壌動物それぞれの侵入を許す処理を設けることができる（Bradford *et al.*, 2002a）．通常，メッシュの素材としては，分解しない化学繊維が用いられることが多いが，メッシュの材質をステンレスにすることにより，シロアリの侵入を抑制したリターバッグを用いた研究もある（Yamashita and Takeda, 1998）．多くの場合，リターバッグでは，1枚のメッシュ素材を折りたたみ，内部にリターを入れ，縁に封をした上で，調査地に一定期間設置して回収する処理を行っている．しかし，メッシュサイズの大きなリターバッグを用いた場合，大型動物によるリターの分解

が生じるのと同時に，粉砕されたリターがメッシュから脱落する量も増え，内部の微小環境も異なるため，そうした要因の影響を抑えた上で動物の効果を評価するべきであるという指摘もされている（Kampichler and Bruckner, 2009；Bokhorst and Wardle, 2013）．Handa et al.（2014）の陸上の生態系で行った分解実験では，リターを入れる容器にリター脱落による減少を防ぐ工夫を施している．ここでは，ポリエチレン製の円筒（直径15 cm，高さ10 cm）の上下を50 µm のメッシュで覆い，側面に5 cm×18 cm の窓を2カ所開けた上で，そこに50 µm, 1 mm, 5 mm のメッシュシートを貼り付けた．円筒の上下は，50 µm メッシュでリターの脱落を防いだ上で，側面のメッシュサイズの違いにより，小型，中型，大型の土壌動物の侵入を可能にしている．彼らの北極周辺から熱帯にわたる5カ所の陸域および水域の野外実験の結果，落葉からの炭素減少に与える土壌動物の効果は，地球上のさまざまな生態系における平均として，小型＋中型土壌動物で2％，小型＋中型＋大型土壌動物では11％であった．しかしその効果の大きさは気候帯によって異なっていた（図7.3）．

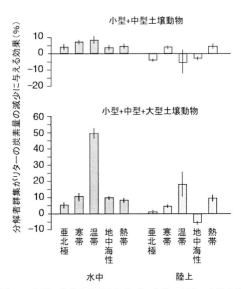

図7.3　小型＋中型土壌動物および，小型＋中型＋大型土壌動物の侵入を許すリターバッグ内の炭素減少に与える土壌動物群集の効果（Handa et al., 2014 を改変）

ナフタレンなどの除虫，殺虫剤を用いて，土壌動物を除去した上で，動物の効果を測定する方法もよく用いられてきた(Witkamp and Crossley, 1966). Wall et al. (2008) は，南緯43°から北緯68°に及ぶ地球規模の広がりの中の30地点において，イネ科草本のリターを材料として分解実験を行った．そこではナフタレンを調査地に散布することにより，動物の落葉分解への影響を除去する処理も行っている．この観測において，土壌動物の存在により，温帯と湿潤熱帯においては分解速度が増加したが，それ以外の温度や湿度条件が生物活動を制限するような場所では効果がみられないという結果が得られた(図7.4). Wall et al. (2008) は，これらの結果から，より暖かくなるもしくは湿潤になると予測される気候変動シナリオのもとでは，土壌動物やそのほかの動物によって分解が促進されることが予測されると指摘している．

土壌動物の生態系での役割を調べる手法として，マイクロコズムはよく用いられる方法である．マイクロコズムとは容器に入った小さな実験系のことで，小さくはシャーレ1個から，大きくは2m四方の大きさの部屋までさまざまな大きさがある．このうち，中くらいのもの（直径数十cm）ではメソコズムとよんだり，室内環境を制御できるような実験室として，イギリスのエコトロンとよばれるものや（Lawton, 1996），横浜のアーストロンとよばれる施設が使用された（金田，2007）．マイクロコズムを用いることで，環境や生物種（グループ）を操作することが容易になり，とくに土壌動物などサイズの小さいものでは安価に実験ができ

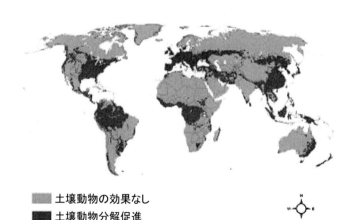

図7.4 土壌動物が分解速度を促進する気候域を示す世界地図（Wall et al., 2008）

7.3 土壌動物は，落葉分解，物質循環にどのくらい関与しているのか

る.

Bradford *et al.* (2002b) は，リターバッグ法とマイクロコズム（エコトロン）を組み合わせて，メッシュサイズの効果を考慮した上で土壌動物の分解への寄与を評価している．彼らは，メッシュサイズの異なる3つのリターバッグ（0.1 mm, 2 mm, 4.7 mm）にイトコヌカグサ（*Agrostis capillaris*）を封入し，それぞれ土壌を入れたマイクロコズムの中に設置した．マイクロコズムの中の土壌動物群集は，①小型土壌動物，②小型，中型土壌動物，③小型，中型，大型土壌動物などの組み合わせに変化させることができる．マイクロコズム内に入れる動物を①のみにして，メッシュサイズを大中小変えることにより，小型土壌動物のみの効果がすべてのメッシュに加わることになり，メッシュのサイズの違いによる落葉の重量減少を反映することができる（図 7.5b）．一方，③のすべてのサイズの土壌動物を導入したマイクロコズムにメッシュサイズの異なるリターバッグを入れると，メッシュの効果＋動物の効果を反映することになる（図 7.5a）．図 7.5a と b は，動物の存在の効果を示しており，その比較から中型土壌動物と大型土壌動物の存在はリター分解速度を増加させていることがわかる.

リターバッグなどを使用して，大型土壌動物が土壌表層からのリターの消失にどれくらい寄与しているかを調べた既往の研究成果に対してメタ解析を行ったところ，リターの消失量は，土壌動物の存在によって有意に大きくなることが示された（Frouz *et al.*, 2015）．また，これらの研究を気候区分によって分けると，リ

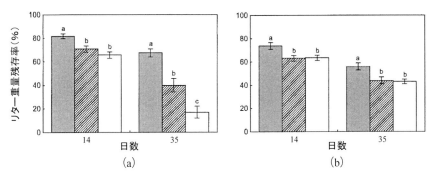

図 7.5 大型および中型土壌動物の侵入を許したリターバッグにおけるイトコヌカグサリターの重量減少 (a) と，メッシュサイズの影響のみによる重量減少 (b) (Bradford *et al.*, 2002b)
0.1 mm メッシュ（灰色），2 mm メッシュ（斜線），4.7 mm メッシュ（白色）．バーは標準誤差，異なるアルファベットはその日数での処理間における有意（$p < 0.05$）な差を示す.

ターの消失に対して有意な正の動物の効果がみられたのは温暖で湿潤な温帯地域
であり，落葉広葉樹林の地域と一致していた．温暖で湿潤な地域の研究について，
リターのC:N比での大小で分けて動物の効果を調べると，C:N比が低いとき（20
以下のとき）以外は有意に効果が認められ，中間程度のとき（20〜30）で効果が
最大となった．

7.4 土壌動物による炭素隔離

　ここまでは，リターの分解の比較的短い時間スケールにおける有機物の消失に
与える土壌動物の影響を考えてきた．ミミズなどの場合，有機物が鉱物質の土壌
と混合されて，団粒の内部に長時間にわたって（数カ月から数十年のスケールで）
保持され，糞のまわりがケイ素などによってコーティングされることで微生物に
よる分解を受けにくい状態になり，ミミズによる有機物の摂食が土壌有機物の量
を増やし，炭素の流れを遅くする方向にはたらくことになる（Lavelle and Martin
1992；Barois *et al.*, 1998）．このような作用を炭素隔離（carbon sequestration）と
よんでいる．つまり，ミミズは短い時間スケールでは分解を促進して土壌から炭
素を早く消失させる方向にはたらく一方で，長期的には土壌の中でため込む作用
をもつということになる．

　Frouz *et al.* (2015) は，リターバッグからのリターの消失が炭素の無機化とい
かに一致しているかを調べるために，大型土壌動物の侵入を許容もしくは許容し
ないリターボックス（図7.6）を用いた研究結果をまとめた．リターボックスの中
にはリターと鉱物質土壌の層が含まれていて，リター層からのリターの消失と鉱
物質土壌層内における炭素量（炭素隔離）の増加と，全体の炭素無機化量（前者
と後者の差）を計測することができる．これらの実験の解析により，土壌動物は
リター層からのリターの消失を有意に増加させることがわかり，そのことはこれ
までのリターバッグでみられた結果と一致していた．しかし，鉱物質土壌を含め
た全体の炭素の無機化には有意な影響を与えていなかった．また，彼らは，動物
の大型動物の糞とリターの分解を比較した実験において，糞の分解の速度が，摂
食されていないリターよりも遅くなることがこれらの結果を生じさせていると考
えた．

　Toyota *et al.* (2006) は，八ヶ岳のキシャヤスデ（*Parafontaria laminata*）によ

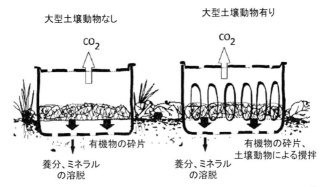

図 7.6 大型土壌動物のリター分解に与える効果を調べるための装置の模式図 (Frouz et al., 2015)
鉱質土壌の上においたリターバッグを入れ，土壌動物がアクセスできるものとできないものを用意して比較する．矢印は予測されるリター層からの有機物の減少の道筋．

る，土壌炭素隔離の機能を，6〜7齢幼虫時と7齢幼虫〜成虫時において比較した．キシャヤスデは幼虫時には土壌を摂食してその中の有機物を利用する一方，成虫になると落葉を消費する．6〜7齢幼虫時には，ヤスデの個体サイズの増加とともに大量の土壌が摂食される．この時点では多くの炭素が土壌から失われることになる．一方，翌年にはヤスデは落葉をおもに摂食することになる．このとき，落葉の分解は促進されるものの，落葉の中の炭素のかなりの部分は未消化のまま土壌と混合されることになり，炭素隔離に寄与することになる．このような成虫の1回の発生の前後での炭素の収支を測定すると，$200\,\mathrm{g/m^2}$ 土壌中に隔離されることになる．八ヶ岳周辺では，キシャヤスデが成虫になるのに8年かかるので，炭素隔離のイベントは8年に1回繰り返されていることになるという(金子，2007)．

7.5 窒素，リン，ミネラルの無機化への寄与

ここまでは，リター全体の分解もしくは，炭素の消失における土壌動物の機能について述べてきた．一方，リターの中には，植物や微生物の生長に必要な，窒素やリンなどの養分や，カリウム，ナトリウム，カルシウム，マグネシウムといったミネラルが含まれており，これら養分やミネラルの放出に土壌動物がどのよ

うに寄与するかについて，多くの研究がなされてきた（たとえば Anderson *et al.*, 1983）．Anderson *et al.* (1983) の実験では，カシの落葉を基質として用いたマイクロコズムに，さまざまな土壌動物を入れてその効果を調べている．トビムシなどを入れた場合でもわずかに効果がみられたが，とくに，ミミズやヤスデなど大型土壌動物では，アンモニア態窒素の量を大きく増加させ，カリウム，ナトリウム，カルシウムの溶脱にも若干の効果がみられた．Setälä *et al.* (1990) によるマイクロコズムの実験においてもアンモニア態窒素やリン酸塩イオンの溶出が土壌動物を入れたマイクロコズム内で増加することが報告されている．Verhoef and Brassard (1990) は，窒素の無機化への動物の寄与は大きく，30％は動物によるが，この値は，生物の機能グループの相互作用や，密度の変化，無機的要因の季節変化，施肥のような管理や収穫などによって影響を受けうると述べている．Berg *et al.* (2001) が，マツ林における炭素と窒素の循環をモデルを用いた解析した結果によると，土壌動物による寄与は，炭素では20％前後であったものが，窒素では80％を占めていたと報告している．以上から土壌動物の寄与は，炭素の循環に比べると，窒素，リンやそのほかのミネラルにおいて大きくなるようだ．

▓ 7.6　土壌動物の多様性が分解，養分循環に与える影響

　これまで述べてきた土壌動物の分解や養分循環などの機能は，土壌動物の多様性とどのような関係をもっているのだろうか．たとえば，草地における植物の操作実験では，共存する植物の種数が増えると，陸上生態系の一次生産性（単位時間あたりの植物バイオマスの増分）や物質循環速度が増加することが明らかにされた（Tilman *et al.*, 1997；Hector *et al.*, 2002）．このような結果がもたらされた要因として，相補性効果（complementarity）と選択効果（sampling）があげられる．相補性効果は，種が多くなれば資源利用特性の異なるさまざまな種が含まれるため，資源を相補的に利用することで群集全体の効率が向上し，生産性が高くなることを意味する．選択効果は，群集の種多様性が高いほど生産的な種を含む可能性が高くなり，その種が群集内での競争に勝つことによって（競争排除），群集の生産性が高くなるというものである．一般に分解者において，その機能と多様性の関係は，冗長性が高いとされており（Bradford *et al.*, 2002b；Faber and Verhoef, 1991），種数（多様性）と機能の関係は明確でなく，比較的少ない種で

その効果が頭打ちになることが多い（Liiri et al., 2002）.

また，複数の機能グループを組み合わせることで，機能量に変化があるかについても調べられはじめている．たとえば，Zimmer et al. (2005) は，ミミズとワラジムシを組み合わせると，落葉分解が促進されるのかどうかについて調べた．彼らの実験では，ハンノキを基質として用いたときには，落葉の重量減少，微生物呼吸，土壌カルシウム濃度，土壌マグネシウム濃度において，2種を組み合わせた場合にプラスの純多様性効果（個別に実験したときに期待される期待値以上の効果）がみられた．それに対し，カシを与えたときには，個別の実験の予測よりも効果が下がる結果が得られた．Heemsbergen et al. (2004) は，純多様性効果と，それぞれの土壌動物の種ごとの機能の非類似度との関係を調べた．まず個々の動物について，リターの重量減少，リターの粉砕力，硝酸態窒素生成速度，土壌呼吸量のそれぞれの機能量を調べておく．そして，それぞれの種の組み合わせの機能の非類似度を計算した．たとえば，個々で用いられた地中性のミミズは土の物理状態を変化させる能力が高く，表層性ミミズは落葉を下の層に移動させ，等脚類やヤスデでは落葉を粉砕する能力が高い．ここで土壌動物の種数と土壌呼吸量および落葉重量減少に与える純多様性効果の関係は，有意なものとならなかった（図7.7）．一方，機能の非類似度と純多様性効果の関係には正の相関が認められ，種の組み合わせの効果は異なる機能をもつ者同士のときに，種ごとの実験の足し算以上の効果をもたらすことがわかった（図7.8）．

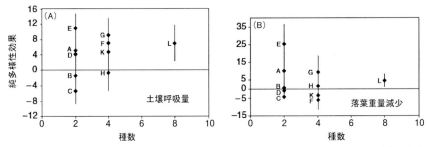

図7.7 土壌動物の種数と土壌動物の種の組み合わせが土壌呼吸量（A）と落葉の重量減少（B）に与える純多様性効果の関係（Heemsbergen et al., 2004）
◆が種の組み合わせにおける平均値，棒は標準誤差．

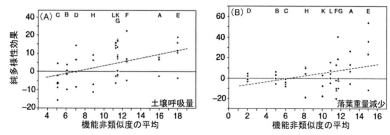

図 7.8 土壌動物の種間の機能非類似度と土壌動物の種の組み合わせが土壌呼吸量（A）と落葉の重量減少（B）に与える純多様性効果の関係（Heemsbergen *et al.*, 2004）
点が種の組み合わせにおける値を示す．点線は回帰直線を示し，いずれも $p<0.01$ で有意．

7.7 分解，物質循環における機能のまとめ

　土壌動物の主要な3つの機能群（微生物食者，落葉変換者，生態系改変者）の分布は，大まかには緯度（温度）に従った変化を示すが，個別の地域内では別の要因が影響して当てはまらない場面もある．土壌動物の分解系全体に与える寄与について，呼吸による炭素の放出でみると5％程度だが，原生生物の寄与を入れるとさらに大きいと考えられる．一方，室内および野外のリターバッグやマイクロコズム等を使用して土壌動物を制御した分解の実証試験が行われてきた．この手法により，各サイズの土壌動物あるいは，さまざまな機能や多様性を組み合わせた群集の分解への寄与の推定が可能となった．また，窒素やリンなどの養分やミネラルの循環において，土壌動物の寄与量が大きくなることも明らかになった．今後，短期的な炭素放出の効果だけでなく，炭素隔離に与える作用などを通した長期的な寄与や，地球環境変動に対応した機能量の変化，生物多様性との関連の研究等が課題となるだろう．　　　　　　　　　　　　　　　　　　　長谷川元洋

8

植物の根系と根食昆虫の関係

　陸上生態系を支える植物のバイオマスの多くは，根（root）や根茎（rhizome）として根系（root system）に分配される．草原やツンドラでは，根系に分配されるバイオマスは，全バイオマスの50〜80％に及ぶ．それゆえ，土壌生態系を理解する上で，一次生産者である植物の根系と他者との関係に着目することは自然だといえよう．しかし，研究の歴史をひもとくと，生態学において，生きた根と土壌動物の直接的な関係が注目されはじめたのは，この四半世紀ほどの間である．ほとんどの土壌生態学者は分解系を研究し，生きた植物と動物の関係に着目する生態学者は，地上部の送粉や植食を研究してきた．このため，根系と土壌動物の直接的な関係は，ほとんどの生態学者から見過ごされてきた．しかし，地上部・地下部の植・動物群集の成り立ちに，根系と土壌動物の相互作用は重要である．また，地上部で知られてきた事例が地下部でこそ顕著だったり，地下部にユニークな関係性が予測できたりする．現在も，多くの課題が手付かずのまま生態学者の挑戦を待ち受けている．分解者やセンチュウなどはほかの章で説明されているので，本章で扱う動物は生きた根を利用する昆虫（根食昆虫，insect root herbivores）に限定する．根と根食昆虫の関係の理解は，地上生態系の理解や環境保全型農業の手法開発にも不可欠であり，研究のさらなる発展が望まれる．

8.1　植物根系の構造と機能

　植物が水圏から陸上生態系に進出した4億6000万年前，根系はおろか維管束系も植物にはなかった（Dolan, 2009）．空中に地上部をもつ最初の植物は，4億2000万年前に出現したことが，化石から明らかとなっている．根系をもった植物は，そのさらに3000万年後に初めて出現し，その後，植物は陸上生態系に適応的なさまざまな形質を進化させ，現在の陸上生態系の基盤を形成している．維管束植物

の繁栄は，維管束系をもつ根系の進化が，陸上への適応に重要であることを示している．

　地上部の器官（葉や葉柄，枝，茎，幹）ほど明瞭な形態差は，根系には認められないが，根系も複数の器官に分けられる（図 8.1a）．個体の中で果たす役割は，それぞれの器官で異なる．根系の器官の役割を，地上系と対比させてみよう．まず，根系の主根（taproot，もしくは一次根 primary root）は，地上系の幹や茎と同様に，植物の構造の中心となる最も重要な器官である．主根の構造は地上系を支持するために物理的に強固である．この強固な構造を作り出すため，繊維などがこれらの器官に多く投資されている．また，茎や主根の維管束系は，地上系と地下系の資源輸送やシグナル伝達の中枢である．次に，地上系の枝や葉柄，根系の側根（lateral roots，もしくは二次根 secondary roots）は，中枢部と末端部を連結する器官である．末端部を支持するとともに，中枢と末端の資源輸送やシグナル伝達を介在している．最後に，地上系の葉身，根系の細根（fine roots）は，植物体の中では最も末端に位置する器官である．葉身では光合成が，細根では養水分の吸収が行われる．根系の各器官の形態差は明確ではないため，しばしば「根」とひとくくりにされてしまってきた．しかし，根系も複数の器官からなることを認識することが，植物根系と土壌動物の関係を検討する上で重要である（8.3 節参照；Tsunoda and van Dam, 2017）．

　以上に述べた各器官に分類できる根系は，主根型根系（taproot system；図 8.1a）

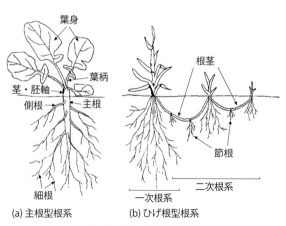

図 8.1　根系の基本形と構造

という．双子葉草本や木本のもつ根系が，主根型根系である．単子葉草本では，主根がほぼ発達せず，多数の節根（nodal root）が発達したひげ根型根系（fibrous root system；図 8.1b）を形成する．多年生草本では，一次根系（primary root system）のほかに，根茎や，根茎から生じた根（不定根，adventitious root）がみられ，それらは総じて二次根系（secondary root system）とよばれる．不定根は節から生じることが多いので，とくに，節根とよばれる．

単子葉草本の根系も，同一の個根（1 本の根）の集合体ではなく，複数の異なる根に識別しうる．たとえば，トウモロコシでは，発芽して最初に出てくる根を一次根（もしくは発芽根），それ以降に出てくる根を二次根という．二次根より一次根に受けるダメージのほうが生長減少は大きいので，一次根がより重要だと考えられる（Robert *et al.*, 2012）．

8.2　根食昆虫の現存量と分布様式

草原やツンドラといったバイオーム（biome）では，全植物バイオマスのうち 50〜80％が根系に分配される（Jackson *et al.*, 1996）．従属栄養生物がこの膨大量の根系を摂食できれば，資源利用において有利となるだろう．実際，根系を利用する動物も進化し，昆虫類では 9 目（トビムシ目とバッタ目，ゴキブリ目，カメムシ目，アザミウマ目，アミメカゲロウ目，コウチュウ目，ハエ目，チョウ目）で，根系を摂食する種が知られている（Brown and Gange, 1990）．膨大量の根系に支えられ，根食昆虫の現存量も時に膨大である．たとえば，ガガンボの仲間 *Tipula paludosa* の幼虫は，1 m^2 あたり 250 個体にも及ぶことがある（French, 1969）．このため，植物個体や個体群，群集への根食昆虫の影響は，しばしば地上部の昆虫の影響より大きい（8.5 節参照）．

根食昆虫が植物に与える影響が大きい理由は現存量の多さだけでなく，多くの個体が地表付近に集中分布するからでもある．根食昆虫の垂直分布により，根系のどこが食べられるかが大きく変化し，ダメージの程度は変化する．観察が容易な地上部では，異なる摂食部位の重要性が認識され，葉を食べる場合は葉食（folivory），花を食べる場合は花食（florivory），果実を食べる場合は果実食（frugivory）というように，異なる用語があてられてきた．地下部では，異なる用語はあてられてこなかったが，生長や枯死の有無が，摂食される部位により変化する（Tsu-

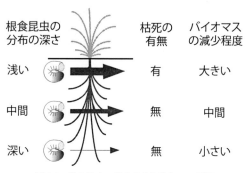

図 8.2 根食昆虫の垂直分布と植物への影響

noda *et al.*, 2014a；図 8.2)．根系は，根元（主根）を基部とし，側根・細根へと伸長する．この構造ゆえ，たとえ末端部が無傷でも，基部の主根や側根がダメージを受けると，根系の大半が失われたり，維管束系を通じた物質のやりとりが阻害されたりする．実際，ドウガネブイブイ幼虫にヘラオオバコが根系を食害されるとき，幼虫が地表に分布すると植物は枯死しうるが，土壌深くに分布すると枯死せず，バイオマスもほぼ減少しない．

根食昆虫の水平分布も，一般に，局所的に集中している．この一因は，親個体の産卵場所に，幼虫である根食昆虫の分布が依存するからである．限られたグループの植物種しか摂食しないスペシャリスト（specialist）の根食昆虫では，産卵場所は宿主植物周辺に限定される．また，複数の科の植物を摂食しうるジェネラリスト（generalist）の根食昆虫でも，親個体の移動は土壌に阻まれるので，産卵場所は集中する．根茎に潜孔して内部から摂食するコウモリガの仲間は，親が空中を飛行しながら卵塊を産卵するため，産卵場所は集中する（Strong *et al.*, 1995)．孵化したジェネラリスト根食昆虫の幼虫も，土壌に移動を阻まれ，長距離の移動は容易ではない．したがって，幼虫の発育にともない，その集中の程度は緩和されても，集中そのものはなくなりづらい．東京・八王子市の草地で観察すると，コガネムシの仲間の終齢幼虫が，地表近くにしばしば高密度で分布している（図 8.3)．

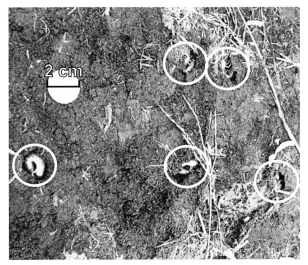

図 8.3　水平方向に集中分布を示すコガネムシの仲間の終齢幼虫
白丸で囲った箇所に幼虫がいる．

8.3　植物根系の防御

　根系を土壌に張り固着生活を営む植物は，食害の脅威にさらされても動物のようにすばやく逃げられない．このため植物は，植食者に対抗すべく独自の戦術を進化させてきた．バラのとげやマスタードの辛みは，捕食者を忌避したり，食害量を少なくとどめさせたりするための，植物の防御形質（defensive traits）である．植物の防御と植食性動物の関係は，古くから地上系で研究されてきたが，根系の知見は近年まで限られていた．しかし，植物の根系は，地上系を支持し，植物の固着性を生み出している器官だといえる．根系が固着性を生み出している器官なら，その根系でこそ，顕著な防御戦術がみられないだろうか．

　植物の防御形質の分配を説明する最も有力な仮説の１つが，最適防御理論（the optimal defense theory）である（McKey, 1974；Meldau et al., 2012）．防御形質を作るための資源は，生長や繁殖とトレード・オフ（trade-off）の関係にあり，防御に投資すると生長や繁殖が減少する．つまり，植物の適応において，防御形質の生産にはコストがかかる．また，最適防御理論では，植物の生長や繁殖への貢献の程度に応じて，その器官により価値が異なることを前提としている．これら

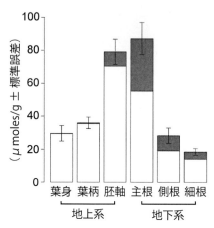

図 8.4 主根型根系の器官別に計測した防御強度
(Tsunoda *et al.*, 2017 より作成)
Brassica rapa の総グルコシノレート濃度. 灰色部は gluconasturtin が占める割合を示す.

から，最適防御理論では，植物の器官の中で最も被食されやすい部位や被食されるとダメージが大きい部位に，より多くの防御形質が分配されると予測する．実際，地上部の器官では，若い葉や花茎，果実といった，価値の高い器官において，相対的に防御強度が高いことを，多くの研究が実証している．しかし，根系は「根」とひとくくりにされてきたため，根系の各器官で防御形質の強度を比較した例はごく限られてきた．

実際に，主根型根系の防御強度（恒常防御，constitutive defense）を器官別に定量すると，最適防御理論と矛盾しない防御形質の分配様式がみられる（図 8.4）．たとえば，アブラナ科草本 *Brassica rapa* では，細根よりも主根や側根で，化学防御物質として知られる二次代謝産物（secondary metabolites），グルコシノレート（glucosinolate；マスタードやワサビの辛味のもととなる物質）の濃度が高い．細根よりも主根で，食害されたときにダメージが大きいので（8.2 節参照），この分配様式は最適防御理論と矛盾しない．また，単子葉草本のトウモロコシの根系における化学防御形質の分配様式も，最適防御理論と矛盾しない．被食されると収量減少が大きい一次根で，二次根より，化学防御物 DIMBOA（2,4-dihydroxy-7-methoxy-1,4-benzoxazin-3-one）の濃度が高い（Robert *et al.*, 2012）．

アブラナ科草本の実生について，総グルコシノレート濃度を地上系と地下系で比較すると，地下系のほうが有意に高く，個体全体の各器官の中で，主根の総グルコシノレート濃度が最も高い（Tsunoda *et al.*, 2017）．すなわち，最適防御理論の観点から考えると，すべての器官のうち主根で，防御する価値が最も高い．また，グルコシノレートにはいくつか種類があるが，地上系と地下系とでグルコシノレートの種類は異なる．アブラナ属植物の地下系では，土壌で安定な構造のグルコシノレート gluconasturtin が多く含まれている（図 8.4）．これは，地上系と地下系とで，それぞれ異なる自然選択が，その防御形質の進化に寄与したことを示唆する．

食害への誘導防御（induced defense）は，根系への食害でもみられる．誘導防御とは，植食者に食害されると，植物が防御形質の産生を高める反応である．食べられたときに防御形質を産生するのは，そのコストを平時には抑えるためだと考えられ，最適防御理論の文脈と矛盾しない．誘導防御は，直接食べられた器官だけ（locally induced defense）でなく，いまだ食べられていない器官でも生じうる（systemically induced defense）．このため，根系が食べられた結果，地上系の防御形質が変化することもある．この反応は，植物を介した植食者同士の間接効果を考える上で重要である（8.7 節参照）．

8.4 根食昆虫の摂食物と利用様式

昆虫の成長を制限する要因はいくつかあるが，中でも窒素（nitrogen）は，植食性昆虫の成長の主要な制限要因である．植食性の昆虫は，肉食性の昆虫に比べ，窒素獲得が困難である．なぜなら，餌とする植物は，セルロースやリグニン，糖といった炭素類に富み，C:N 比が大きいからである．このため，たとえば，アブラムシの仲間は，吸汁した師管液のうち，過剰摂取した糖を甘露として排泄することにより，その偏った C:N 比の餌に適応している．根に含まれる窒素量は，葉に含まれる窒素量よりも少ない．したがって，植物の地上系を摂食する植食性昆虫よりも，根食昆虫の成長はより窒素に制限されているかもしれず，窒素獲得が成長の鍵を握っていると考えられる（van Dam, 2009）．

図 8.5 防御強度が高い主根を摂食するキャベツハナバエの幼虫

8.4.1 スペシャリスト昆虫の場合

スペシャリストの昆虫は,限られたグループの植物種しか摂食しない.したがって,あるスペシャリスト根食昆虫の摂食物は,容易に特定できる.根食昆虫の多くは農業害虫として知られ,害を与えうる植物が調査されているので,害虫図鑑などでその宿主植物は調べられる.

あるスペシャリスト昆虫が,限られた植物を利用できる理由は,その植物の防御形質への適応機構を備えているからである.たとえば,吸汁性のアブラムシの仲間は,ある組織に局在した二次代謝産物に接触しないように,師管を吸汁する.また,アブラナ科植物の主根に潜行し摂食するキャベツハナバエの幼虫では,その腸内共生細菌が,刺激性のあるグルコシノレート加水分解産物を,刺激性がない物質に分解している (Welte et al., 2016).スペシャリスト昆虫は,これら二次代謝産物に適応しているのみならず,餌探索の手がかりとして利用する.キャベツハナバエを *B. rapa* の根系に置くと,グルコシノレート濃度が最も高い主根にたどり着き,摂食する (Tsunoda et al., 2017;図 8.5).

根系に含まれる窒素量も,防御形質量と同様に,各器官により異なる.たとえば,アブラナ科草本のクロガラシでは,主根の窒素量はほかの根の 1.5 倍ほど高い (Soler et al., 2007).つまり,主根は,根食昆虫にとって利用価値の高い器官であり,そこがよく防御されている (8.3 節参照).

8.4.2 ジェネラリスト昆虫の場合

複数の科の植物を摂食しうるジェネラリスト根食昆虫は,野外で優占する根食

8.4　根食昆虫の摂食物と利用様式　　　*109*

昆虫である（Brown and Gange, 1992）．その摂食物を野外で特定することは，不透明な土壌に観察を阻まれ容易ではない．しかし，DNAバーコーディング法（DNA barcoding）や安定同位体分析（stable isotope analysis）が生態学でも利用されるようになり，摂食物の特定や摂食の様子が明らかになりつつある．

　オーストリアの根食昆虫研究グループは，害虫防除上も重要なコメツキムシ幼虫の摂食物を明らかにするため，DNAバーコーディング法と安定同位体分析を適用した（Staudacher *et al.*, 2013）．DNAバーコーディング法とは，その種を識別できるDNA塩基配列を手がかりとし，種同定を行う手法である．下層植生の種数を操作したトウモロコシ圃場におけるコメツキムシ幼虫の摂食行動が調べられた．その結果，コメツキムシ幼虫は，下層植生の種多様性が高い実験区で，トウモロコシをより摂食しなかった．この研究は，DNAバーコーディングや安定同位体分析が根食昆虫の研究に有効なことを示しただけでなく，下層植生により食害をコントロールしうることを示した点で興味深い．

　ジェネラリスト根食昆虫の摂食物について留意すべき点は，生きた根のみならず，リター（litter，落葉・落枝）も摂食しうる点である．リターを摂食できることは，窒素獲得に有利となるかもしれない．なぜなら，細根より葉のほうが窒素量は高く，植物体の窒素量はそのリターにも反映されるからである．つまり，場合によっては，生きた根よりも葉由来のリターのほうが窒素量が多い．そして実際，ドウガネブイブイの幼虫は，ホソムギの根より窒素量が多い広葉樹のリターを食べたときのほうがよく成長する．さらに，これらの根とリターを両方与えたとき，ドウガネブイブイ幼虫は最もよく成長する．ジェネラリスト根食昆虫にとって，雑食は，栄養やミネラルをバランスよく摂取する上で重要な摂食方法なのかもしれない．地上系から供給されるリターは，根食昆虫が地表付近に分布していないと利用できないので，地表付近に偏った垂直分布と関連があるかもしれない（8.2節参照）．これらの雑食性を検討する上では，分解したリターではDNAがしばしば断片化するので，DNAを用いた手法より安定同位体分析が有効だろう．

　ジェネラリスト昆虫は，植物の防衛形質に対して特別な適応機構を備えていない．しかし，雑食性や幅広いグループの根を利用することが，二次代謝産物の毒性を軽減しているかもしれない．なぜなら，複数の根を少しずつ摂食することにより，ある特定の種の二次代謝産物を希釈しうるからである．幅広いグループの

根を利用するほかの利点は，より多くの資源を利用できることによる競争の緩和や，バランスよく栄養やミネラルを得られる点が考えられている．また，ジェネラリスト根食昆虫の腸内共生生物の役割は多くの場合見過ごされてきたが，栄養価の低い根系を利用する上で重要な役割を果たしているかもしれない．ジェネラリスト根食昆虫の摂食物評価とあわせ，これらの課題が解明されることが，根系-根食昆虫相互作用の深い理解に必要である．

8.5 植物への根食昆虫の影響

8.5.1 個体・個体群への影響

植物への植食性昆虫のダメージをメタ解析（meta-analysis）した研究では，地上系も含めたすべての植食性昆虫のうち，根系を噛みちぎる根食昆虫が，植物へのダメージが最も大きい（Zvereva and Kozlov, 2012）．このような食べ方をする昆虫には，コガネムシやコメツキムシ，ガガンボなどの幼虫がおり，どれも農作物の害虫として知られる．根食昆虫の多くは地表付近に分布するので（8.2節参照），これらの根食昆虫が根元を噛み切ることにより，植物は根系の大半を失いうる．また，地上系への食害では，しばしば補償生長（compensatory growth）がみられるが，地下系への食害では，補償生長はほぼ報告されていない．補償生長は，食害を受けることにより，受けないときより生長が促進される現象である．補償生長が地上系で生じる一因は，頂芽優勢による生長抑制を食害が阻害し，側芽の生長が促進されるからである．若い葉は光合成効率がよいので，側芽の生長により，しばしば植物全体の生長が促進される．一方，根系は食害されても頂芽優勢には影響しない．このため，根系を食害されると，植物はバイオマスを失ったり，資源やシグナル伝達のやりとりを阻害されたりと，一般にはダメージを受けるのみである．ただし，若い細根のほうが資源吸収効率はよいので，食害部位によっては，根食が生長を促すこともあるかもしれない．

このメタ解析では，根食昆虫の研究手法の違いが，植物へのダメージの程度に影響することも指摘している．すなわち，ポット実験で，根食昆虫の大きなダメージを検出するが，野外操作実験では，根食昆虫のダメージを検出できないこともある．環境中の非生物要因は，植物と根食昆虫の関係を改変するので（8.6節参照），研究手法による影響の違いの解釈には注意が必要である．

8.5 植物への根食昆虫の影響 *111*

　ポット実験は，根食昆虫のダメージを過大評価しているかもしれないが，野外の植物個体群に対して，根食昆虫が大きなダメージを与えることは事実である．たとえば，茨城県の海岸砂丘のオオマツヨイグサは，ロゼット径が 10 cm 以上に生長すると根系も大きく発達し，乾燥への耐性がきわめて高くなる．しかし，その生長した個体のうち 3 割ほどが，突如枯死する（可知, 1993）．枯死した個体の根系を調べると，コガネムシ幼虫と噛み切られた主根が確認されたことから，主根への食害により枯死したと考えられる．また，北米に繁茂するルーピンでは，コウモリガ幼虫の食害により，個体群のほぼすべての地上茎が立ち枯れる例が報告されている（Strong *et al.*, 1995）．ルーピン根茎に潜孔する平均個体数は，1 本あたり 38 匹にも及び，密度の高さが大きなダメージに寄与している．

8.5.2　群集への影響

　植物個体・個体群への根食昆虫の影響は，植物群集へも波及しうる．イギリスのシルウッドパークにおいて 1990 年前後に行われた野外操作実験は，根食昆虫が植物の群集組成や多様性を変化させることを示した先駆け的研究である．実験操作の妥当性への批判があるが，この研究以降，生態学において根食昆虫が注目されはじめた．

　この野外操作実験は，二次遷移初期の草原で行われた．実験区では，根系を噛みちぎって食べるコガネムシ科やガガンボ科の根食昆虫が優占していた（Brown and Gange, 1992）．実験区への殺虫剤の散布により根食の有無を操作し，一年生の広葉型草本と多年生広葉型草本，多年生イネ科草本それぞれの被度や，多様性の指標として種数を求めた．殺虫剤を散布した結果，一年生・多年生の広葉型草本の被度が増加し，結果として種数が増加した．つまり，根食昆虫は広葉型草本の被度を減少し，イネ科草本への遷移を促進していた．

　シルウッドパークの野外操作実験では，根食昆虫は植物群集の多様性を減少させたが，別の地点で行われた操作実験やポット試験では，根食により多様性が増加する結果が得られている（De Deyn *et al.*, 2003）．この相違は，もとの群集の種多様性や生産性の違いが影響しているかもしれない．ドイツでは，種多様性や生産性が異なる実験区において，土壌棲昆虫の殺虫剤散布実験が行われた（Stein *et al.*, 2010）．各実験区での結果を総じると，根食昆虫の除去により，面積あたりの種数が減少した．つまり，根食は植物群集の種多様性を増加させた．また，もと

の群集の生産性は，群集への植食の影響と有意に相関しなかったが，種多様性が高い群集では植食の影響は小さかった．

　根食が植物群集を変化させる機構はいくつか説明されているが，どれも推測の域を出ていない．野外実験区での結果を解釈するためには，栽培環境下における実験も多く行われる必要があるだろう．また，DNA バーコーディング法や安定同位体分析の適用も，理解の助けとなるだろう（8.4.2 項参照）．

8.6　非生物要因が根系と根食昆虫の相互作用に与える影響

　非生物要因（abiotic factor）は，植物と根食昆虫の双方に影響し，その相互作用を変化させうる．今世紀末には，平均気温が 3.3℃ 上昇したり，干ばつや豪雨など極端な気候イベントの頻度が高くなったりすると予測されている．これらの変化は植物や根食昆虫の代謝や資源利用性など，さまざまな側面に影響しうる．現在の知見は限られるため相互作用の変化の予測は難しいが，土壌湿度（soil moisture）と土壌栄養塩（soil nutrient）と関連した知見を紹介する．

8.6.1　土壌湿度の影響
　土壌湿度は，植物と根食昆虫の相互作用を変化させる非生物要因の中で，最も重要である（Villani and Wright, 1990）．土壌湿度の違いは，その植物の個根の相対的な価値を変化させるだろう．たとえば，土壌湿度が低いときは植物にとって個根の相対的価値は高くなりうる．なぜなら，根量が多くないと光合成を行うのに十分な水分を吸収できないからである．一方，土壌湿度が適度なときは，根量が少なくても十分量の水分を吸収できるため，根食により多少の根を失っても，水利用性は変化しないと考えられる．したがって，植物の観点から考えると，土壌湿度が適度な土壌より乾燥した土壌で，根食により一定量の根が失われることのダメージは大きいと考えられる．ただし，湿潤すぎる土壌だと呼吸が妨げられ根腐れし，根量が減少する．このときの根食は，枯死やバイオマス減少を生じさせるだろう（Erb and Lu, 2013）．

　次に，土壌湿度が根食昆虫に与える影響を考えてみよう．土壌湿度が湿潤すぎたり，乾燥しすぎたりすると，根食昆虫の孵化率が低下したり，若齢幼虫の生存率が低下したりする．つまり，極度な土壌湿度だと根食そのものが生じなくなる

8.6 非生物要因が根系と根食昆虫の相互作用に与える影響

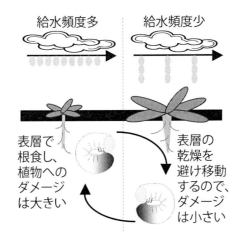

図 8.6 給水頻度の違いに起因する土壌湿度の違いと根食昆虫による食害の関係

かもしれない．しかし，湿度の変化に応答し，成虫が産卵場所を選択したり，幼虫の行動が変化したりするので，根食が完全になくなるとは考えにくい．ただ，これらの変化が生じても，極度な土壌湿度は植物への根食のダメージを軽減させるようにはたらくだろう．土壌が乾燥するとき，深い土壌より浅い土壌のほうがより乾燥する．給水頻度が低く，土壌表層が乾燥するとき，根食昆虫は乾燥した表層を避け，土壌深くに移動する．つまり，食害が根元で生じなくなり，植物のダメージは小さくなる（Tsunoda *et al.*, 2014a；図 8.6）．

湿潤すぎたり乾燥しすぎたりした土壌湿度では，植物は根食のダメージを受けやすいと考えられた．一方，極度な土壌湿度への根食昆虫の応答からは，植物への影響は小さくなると考えられた．両者のうちどちらがより湿度変化の影響を受けやすいかにより，植物が受けるダメージは変化する．両者を同時評価し，湿度による相互作用の変化を定量した研究はほぼなく，研究が待たれる．

8.6.2 土壌栄養塩の影響

窒素やカリウム，リンなどの土壌栄養塩は，植物の生長に必須である．栄養塩が欠乏しているとき，植物は根食のダメージを受けやすい．なぜなら，もとの生長が制限され根系が小さいので，根食を受けたときに失う根の割合が大きいから

である．また，根食後の資源獲得もさらに抑制されるからである．

土壌栄養塩は，その総量のみならず，空間分布の違いも根系と根食昆虫の相互作用を変化させうる．野外では，土壌栄養塩はリターの分解や降雨により生じるので，その分布様式は空間的・時間的に不均質である（Jackson and Caldwell, 1993）．この不均質性に対して，根系は可塑的に伸張する．すなわち，栄養塩が豊富に存在するパッチに，より多くの根系を伸張させる（nutrient foraging；Cahill and McNickle, 2011）．この応答は，より効率のよい栄養塩利用を可能とすると考えられている．実際，空間分布が不均質な栄養塩条件下で，応答性の異なる植物を競争させると，より応答性の高い種が競争に有利となる．しかし，そこに根食昆虫がいるとその関係性が変化する．すなわち，より応答性の高い種のみバイオマスが減少する（Tsunoda *et al.*, 2014b）．これは，栄養塩が豊富に存在するパッチに集中分布した根が食害され，より多くの根が失われたからだと考えられる．集中分布した根は根食昆虫の採餌効率を高めうるので，根食昆虫はそのパッチで好んで摂食したのだろう．

土壌栄養塩は，根食昆虫には直接的に影響しないと考えられる．しかし，ジェネラリスト根食昆虫はリターそのものも摂食しうる（8.4.2 項参照）．このため，栄養塩の供給源となるリターが，根食昆虫の餌選択を介して根系と根食昆虫の相互作用に影響しうる．ジェネラリスト根食昆虫が根とリターをどのように食べ分けるか，また，そのときの植物へのダメージについての知見は限られる．これらの知見は，根食昆虫の摂食様式という生態学における基礎的な課題と，害虫防除という応用的な課題の接点である．環境保全型農業の手法開発にも不可欠なので，研究のさらなる発展が望まれる（第 11 章参照）．

8.6.3　土壌の非生物要因と根系の防御

土壌栄養塩の総量や土壌湿度は植物の防御の程度に影響しうる．なぜなら，これらの要因により変化すると考えられる個根の相対的な価値に応じて，防御の重要性が変化するからである（8.3 節参照）．土壌栄養塩の利用性が限られる肥沃でない土壌や，湿度が低い土壌では，個根の相対的価値が高く，より防御に資源投資されるかもしれない（Erb and Lu, 2013）．一方，防御物質そのものに窒素などの元素が含まれうるため，貧栄養時にはそれを分解し生長に投資するかもしれない．研究例が少ないため一般化はできないが，標高の違いによる土壌の肥沃度と

タネツケバナの仲間の防御の関係を調べた研究では，土壌が肥沃でない高標高に生育する種で，葉のグルコシノレート濃度がより高い（Pellissier *et al.,* 2016）．また，誘導防御の応答性は，土壌が肥沃な低標高に生育する種でより高い．これらの結果は，個根の相対的な価値が高い貧栄養な環境で，より効果の高い防御様式である恒常防御への投資が多いことを示唆している．

8.7　植物を介した地上部–地下部の動物の相互作用

　生物種間の相互作用様式は，生物同士が直接作用する直接効果（direct effect）のみならず，ある生物を介して第三者に作用する間接効果（indirect effect）も存在する．食害により，生残や生長のみならず，形態的・生理的な変化が植物に生じる．この形態的・生理的な変化は，その植物を利用する他者に間接的に影響しうる（Ohgushi, 2005）．本章でみてきた植物への根食の効果は，おもに密度に影響する効果だったが，ここでは形質の変化を介した効果をみてみよう．

　植物の水利用性（water availability）の変化を介して，地下部と地上部の昆虫は相互作用しうる．たとえば，ナズナの根系がウスチャコガネ幼虫に食害されると，同じ個体のナズナの葉を吸汁するアブラムシのバイオマスや産子数が増加する（Gange and Brown, 1989）．これは，根食により葉の含水量が低下した結果，葉の可溶性窒素濃度が増加し，アブラムシにとっての餌の質が向上したからだと考えられる．また，植物の誘導応答によっても，地下部と地上部の昆虫は相互作用しうる．根食により，地上系でも誘導応答が生じうる．クロガラシの主根がキャベツハナバエ幼虫に食害されると，葉のグルコシノレート濃度が上昇し，葉を食べるモンシロチョウ幼虫の成長が減少する（Soler *et al.,* 2005）．

　地上部と地下部の生物の相互作用（above- and below-ground interactions）を植物が介在することの重要性が認識されはじめたのも，この四半世紀ほどの間である．地下部と地上部の動物は物理的に隔てられているが，植物の変化を介して相互作用している．植物と動物の相互作用研究は地上部で発展してきて，根系と動物の関係については理解が遅れてきた．しかし，植物の変化を介して地下部と地上部の動物は相互作用するので，地上部とともに地下部の研究も発展させることが重要である（第9章参照）．

角田智詞

9

土壌生態系と地上生態系のリンク

　これまで土壌生態系は，おもに地下部の生態プロセスに注目して研究されてきた．つまり，地下部にどのような生物が棲息しているのかや，それら生物間の相互作用，地上部（植物）から供給される有機物が生物によって無機化されるプロセスなどである．近年，地上部と地下部の生態プロセスの関係性についての研究が非常に盛んである．これは地上部の生態プロセスの影響がどのように地下部の生態プロセスに影響を与え，それが地上部にどのように反映するのか，両者のリンクに注目して研究を行うものである（Wardle, 2002；図9.1）．地上部の植物によって土壌特性が変わりうることや，土壌特性によってそこに成立する植物群集が異なることは，農業や林業の応用分野などでは広く知られており，土壌学や植物生態学の分野などでは比較的よく研究されてきた．しかし，地上部と地下部の

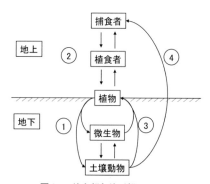

図9.1　地上部と地下部のリンク
①植物は地下部の微生物と土壌動物に影響を与える．②地上部の植食者や捕食者は直接・間接的に地下部の生物に影響を与える．③一方，地下部の微生物と土壌動物は栄養塩の提供や植食，病原菌の感染によって植物に影響を与える．④また，土壌動物は地上部の捕食者の餌資源となることで，地上部の食物網にも影響を与える．

プロセスが互いに影響し合い，炭素の蓄積量や窒素循環速度などの陸上生態系のプロセスを決めているメカニズムはあまり詳細に調べられてこなかった．地上部と地下部のリンクの理解は，現在の人類が抱えている多くの地球環境問題を解く上できわめて重要である．

本章では，地上部が地下部のプロセスに与える影響（図 9.1 の①と②）と，地下部が地上のプロセスに与える影響（(図 9.1 の③と④）の双方について述べ，地上部と地下部のプロセスが密接に結びついていることを説明する．なお，土壌動物による栄養塩循環に関する影響については，本書の第 2, 3, 7 章，根と土壌動物の関係については第 8 章を参照いただきたい．

9.1 地上部の植物が地下部の生物に与える影響

9.1.1 一次生産量と土壌生物

陸上生態系の特徴は，純一次生産の大部分が地上部の消費者に利用されることなく，地下部の資源となることである．たとえば，森林などでは 1 日に 1 m^2 あたり約 1 g の炭素が固定されるが，地上部の消費者に利用されるのは 1 割以下である．その残りは地下部の生物のエネルギーや炭素資源として利用されるか，土壌炭素として固定される（図 9.2）．この純一次生産が陸上の森林や草原など，生態系レベルでの土壌生物（微生物や無脊椎動物含む）の現存量を規定することになる．しかし，生態系レベル内でみてみると，純一次生産が土壌微生物や土壌動物

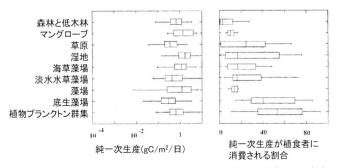

図 9.2 さまざまな生態系における純一次生産速度と植食者に消費される割合（Cebrian, 1999）

の現存量を必ずしも規定しているわけではないようである．このことは，土壌生物の個体数や現存量が必ずしもボトムアップ（資源制限やその結果引き起こされる競争）だけではなく，トップダウン（捕食）の効果によっても影響を受けているためであろう．

ただし，このトップダウンとボトムアップの相対的な重要性については，土壌では生物間の食う食われる関係を直接的に観察することは難しいため，十分にわかっていない．しかし，これまでの研究から土壌微生物のバイオマスを規定する要因について，次のようなことがいわれている．土壌食物網の基盤をなすのは微生物，とくにバクテリアと菌類である．これら2つの微生物群は次のような特徴をもっている．易分解性の質のよいリターを供給する植物が優占する土壌では，増殖速度が高いバクテリアが卓越する一方，難分解性の質の悪いリターを供給する植物が生育する土壌では，分解力の強い菌類が優占する（図9.3）．バクテリアが優占する土壌では水域生態系でみられるようなトップダウンの効果が，菌類が優占する土壌では陸上生態系でみられるようなボトムアップの効果が土壌微生物のバイオマスを規定する要因として重要である．

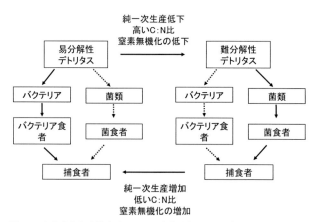

図9.3 土壌食物網を構成する2つの食物連鎖の特徴（Moore et al., 2003）
1つは分解しやすいデトリタスが基質となり成長速度の速いバクテリアからはじまる食物連鎖で，もう1つは分解しにくいデトリタスが基質となり分解力が高い菌類からはじまる食物連鎖である．窒素無機化速度，純一次生産速度やデトリタスのC:N比によって，優占する食物連鎖は変化する．

9.1.2 一次生産の質と土壌微生物

植物は一次生産量だけではなく，種の違いによる一次生産の質によっても土壌微生物のバイオマスや群集組成に影響を与えることが知られている．たとえば，Priha et al. (1999) はヨーロッパアカマツ（Pinus sylvestris），オウシュウトウヒ（Picea abies），シラカバ（Betula pendula）をポットに植えて，その土壌の微生物バイオマスを評価した．その結果，ヨーロッパアカマツやシラカバを植えた土壌でトウヒのものよりも微生物バイオマスが高かった．また，野外においても草本や熱帯林の樹種の違いによって，その植物の地下部の土壌微生物のバイオマスや群集組成に違いが生じることが示されている（図9.4）．そのメカニズムについてはよくわかっていないが，イギリス全土180地点の草原を対象にした研究では，栄養塩獲得にかかわる植物の形質が土壌微生物群集組成に強く影響を与えていることが示されている（de Vries et al., 2012）．

土壌の重要な微生物である菌根菌の群集組成については，植物の種の影響がより強くみられる．外生菌根は宿主の植物の栄養塩や水の獲得に重要な役割を果たしている．Ishida et al. (2007) は日本の針広混交林においてブナ（Fagus crenata）やウラジロモミ（Abies homolepis）など6属8種の植物の根の外生菌根群集をDNAから推定し，外生菌根群集が宿主植物の分類群によって異なることを示している．

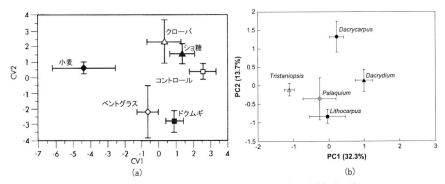

図9.4 草本や木本の植物種の違いによる土壌微生物の群集組成の違い
ドクムギ，ベントグラス，小麦，クローバーを植えた土壌，ショ糖を加えた土壌，コントロールの土壌の土壌微生物群集（Biolog分析）の正準変量スコアのプロット（Grayston et al., 1998）(a) とキナバル山の5樹種の根元の土壌の土壌微生物群集（PLFA分析）の主成分スコアのプロット（Ushio et al., 2008）(b)．

9.1.3 一次生産の質と地下部プロセス

植物の種や形質が地下部のプロセスに与える影響については，実験操作が容易なリターバッグを用いることで比較的よく研究されている．植物の形質に関しては，Kattge et al. (2011) が6万9000種の植物の形質データをもとに，葉の堅さや窒素濃度などの形質のばらつきの大部分は種の違いによって説明できることを明らかにしている（図9.5）．この植物の葉の形質の違いは，リターの分解速度の違いとしても表れている．一般に分解速度は気温や降水量などの物理環境によって規定されている部分が大きいが，植物の種の違いもそれ以上の影響を与えうる．818種，66のリター分解実験のメタ解析からは，葉や葉リターの形質についてみると窒素濃度の高い葉や単位面積あたりの葉の重量（leaf mass per area：LMA）の低い葉でリターの分解速度が速いこと，そして葉リターについても，窒素やリン濃度が高く，リグニンや多糖類の少ないリターで分解速度が速いことが知られている（図9.6）．このような葉の分解速度の種間の違いは，同種の根の分解速度についても同様にみられる．

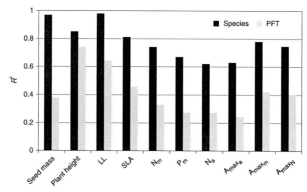

図 9.5 植物の機能タイプ（PFT）と種（species）によって説明できる葉形質の分散の割合（Kattge et al., 2011）
機能タイプは全球植生モデルなどで用いられる植物の生長型（イネ科草本，広葉草本，低木，高木），葉のタイプ（針葉，広葉），フェノロジー（落葉，常緑），光合成回路（C3, C4, CAM）などの違いに基づいている．Seed mass：種子の乾燥重量，Plant height：最大高さ，LL：葉寿命，SLA：比葉面積，N_m：単位重量あたりの葉窒素含量，P_m：単位重量あたりの葉リン含量，N_a：単位面積あたりの葉窒素含量，A_{max_a}：単位面積あたりの最大光合成速度，A_{max_m}：単位重量あたりの最大光合成速度，A_{max_N}：単位窒素含量あたりの最大光合成速度．

9.1 地上部の植物が地下部の生物に与える影響

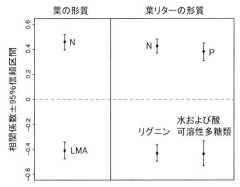

図 9.6 世界中で行われた葉あるいは葉リターの分解速度と形質の関係性のメタ解析結果 (Cornwell *et al.*, 2008) サンプルサイズで重み付けされた相関係数を示している.

　リターにおける窒素無機化についても葉の形質が大きく影響している. Northup *et al.* (1995) は, フェノール濃度の異なるビショップマツ (*Pinus muricata*) のリターを用いて室内分解実験を行ったところ, フェノール濃度の高いリターほど窒素無機化速度は遅かった. また, 肥沃度の異なる林分の土壌の窒素無機化速度をみても, フェノール (タンニンとカテキン) 濃度の高い林分ほど, 窒素無機化速度が低かった. このことから, 貧栄養な林分ほどリターからの窒素の流出を防ぎ, 菌根を通じて窒素の回収を促進しているものと考えられる. また, これら葉の分解に関する形質は, 林分レベルの土壌窒素動態にも影響しているようである. たとえば, Inagaki *et al.* (2004) はヒノキ (*Chamaecyparis obtusa*), スギ (*Cryptomeria japonica*), アカマツ (*Pinus densiflora*), クリ (*Castanea crenata*) やミズキ (*Cornus controversa*) からなる 4 つの森林タイプで, リターのリグニン : 窒素比と土壌窒素無機化速度の間に有意な負の関係がみられることを報告している.

　なお, リター分解実験をリターを採集した場所と別の場所で行った場合, リターを採集した場所のほうがその分解速度は大きいことが多い. この現象はホームアドバンテージ (home field advantage) 効果とよばれる (Gholz *et al.*, 2000). そのメカニズムはよくわかっていないが, ホームアドバンテージ効果はリターの採集元と移動先との間の植物群集やリターの質の違いが大きいほど, 強く出る傾向があるようである.

9.2 地上部の食物網の影響

9.2.1 地上部の植食者による地下部への直接的影響

地上部には，生産者だけではなく植食者やその捕食者がいる．これら消費者群集も土壌に供給される有機物の量や質を変化させることで，土壌生物に影響を与えうる（図 9.1 の②）．その直接的な影響の例として植食者の糞の土壌への供給があげられる．たとえば，Metcalfe *et al.* (2014) は，アンデスの熱帯林において，節足動物による植物の被食量を見積もった．これら節足動物は植物が落葉前に窒素やリンなどの栄養塩の引き戻しを行う前に葉を摂食し，糞を土壌に供給する．そのため，通常のリターに含まれるよりも多くの窒素やリンを土壌に供給することになる．この被食の効果により，毎年 1 ha あたり窒素 18.5 kg，リン 1.2 kg が土壌に供給される．窒素については毎年 1 ha あたり窒素固定 28 kg，大気降下物 4.8 kg，リンについては大気降下物由来 0.05 kg，風化 0.41 kg の系外からの供給量があるが，これらと比べると，この被食の効果の大きさがわかるだろう．

また，植食者は植物を介して地下部の生物に影響を与える可能性がある．それは分解速度が低いリターを作る植物の葉は，地上部でも被食されにくい傾向があるためである（Grime *et al.*, 1996）．この傾向は植食者と同様，土壌動物や土壌微生物の多くが C:N 比が低くフェノール含量やリグニン含量が少ないリターを食物資源として好むためである．そのため，植食者が選択的に分解速度の速い植物を摂食し，結果的に分解速度の遅い植物のリターを土壌に供給する可能性がある．ただし，熱帯雨林の植物 40 種を対象にした研究では，植物の地上部の被食率は葉の堅さと正の相関があるのに対し，リター分解速度はフェノール濃度などと正の相関を示し，植食者によって食べられにくい植物が必ずしも分解が遅いというわけではないようである（Kurokawa and Nakashizuka, 2008）．この結果の違いは，対象とする植物の分類群やそれと対応する形質の幅の違いによるものであろう．

9.2.2 地上部の植食者による地下部への間接的影響

植食者は，植物による地下部への有機物の供給量や質を変化させることで，土壌微生物の活性に間接的な影響を与えうる．たとえば，草本植物の多くは植食者による被食によって地下部に多くの炭素を供給し，土壌微生物バイオマスを増加させることが ^{14}C トレーサーを使った研究で示されている．さらに草本植物を対

象にした研究では，植食者による被食が土壌の窒素無機化を促進し，被食を受け
た植物だけではなく，隣接するほかの植物種の生長にも影響を与える例が知られ
ている（Ayres *et al.*, 2007）.

Wardle *et al.*（2001）はニュージーランド全土に設置された大型哺乳類除去区
30地点において，大型哺乳類の土壌生物への影響を調べた．ニュージーランド
には在来の大型草食動物はおらず，1750年以降人間によって持ち込まれた．この大
規模な除去実験では，いくつかの調査地点において，大型哺乳類除を除去するこ
とで植物群集の組成や現存量，リター層の中型大型土壌動物の増加がみられたが，
腐植層の微生物や土壌動物への一貫した効果はみられなかった．これは大型草食
動物の地下部への影響は，糞や尿による施肥効果や被食によるリターの質の改変，
選択的に食べ残された分解しにくい植物による分解速度への負の効果など，さま
ざまな効果が複合的に作用しているためであろう.

9.3 地下部の生物が地上部に与える影響

9.3.1 地下部の生物が植物に与える直接的影響

陸上生態系では，地下部の生物も地上部の生物や生態プロセスに影響を与える
（図9.1の③）．植物の生育に影響を与える土壌生物として代表的なものは，植物
と共生関係を結び，生育に必要な栄養塩を供給するバクテリアや菌類（菌根菌）
であろう（van der Heijden *et al.*, 2008）．植物生産に対する窒素固定バクテリア
の貢献は，熱帯サバンナや草原，マメ科植物が優占する熱帯林などでとくに顕著
である．これらの地域では年間の植物生産に必要な窒素の約20%が窒素固定バク
テリア由来という推定もある．窒素固定シアノバクテリアも寒帯林の窒素供給源
として重要である．とくに，窒素制限の強い寒帯林の遷移後期では，コケ類と共
生するシアノバクテリアによって年平均1haあたり約2kgの窒素が固定される
（DeLuca *et al.*, 2002）.

菌根菌は陸上植物の約80%の種と共生関係をもち，病害や乾燥に対する抵抗性
や栄養塩を植物に提供する一方，植物から炭素源を獲得する．菌根菌のおもなも
のは外生菌根菌，アーバスキュラー菌根菌，エリコイド菌根菌である．外生菌根
菌はおもに温帯林や寒帯林，一部の熱帯林の木本と，アーバスキュラー菌根菌は
草原やサバンナ，熱帯林の草本や木本と，エリコイド菌根菌はヒースランドに多

くみられ，ツツジ科の植物と共生している．外生菌根菌は寒帯や温帯林において
リターを分解し窒素を植物に提供している．とくに寒帯林では菌根菌の役割が重
要で，植物が獲得する窒素の約80％が菌根菌由来という報告もある．アーバスキ
ュラー菌根はリンを植物に提供することで植物の生長や種構成に影響している．

　一方，土壌病原菌は特定の植物に感染し，その生長や生存，繁殖に負の影響を
与える．植物と土壌病原菌の関係は，農作物については長年研究されてきたが，
森林や草原の植物の生長や群集組成に与える影響についても近年その重要性が認
識されるようになってきた．たとえば，熱帯雨林の植物の多様性を説明するメカ
ニズムとして，ジャンゼン・コンネル（Janzen-Connell）仮説がある（Janzen,
1970；Connell, 1978）．この説によれば，成木の近くでは植物種特異的な植食者が
存在するために，同種の実生の死亡率は上昇する．その結果，実生は同種の成木
から離れたところに定着し，成木のまわりには他種の実生が定着しやすくなり，
熱帯林の多様性が生み出される．植物の実生の死亡率を高める生物として，植食
者だけではなく土壌病原菌についても同様に考えることができる．Packer and
Clay（2000）はブラックチェリー林（*Prunus serotina*）において，土壌病原菌の
影響のため成木から距離が近い実生ほど死亡率が高いこと，その距離の効果は密
度依存的な死亡率の増加よりも重要であることを示した．同様の土壌病原菌によ
る実生の生存率の低下は，パナマの熱帯林においても確認されており，植食者や
葉の病原菌に比べてもその負の効果は大きいことが明らかになっている（Man-
gan *et al.*, 2010）．

　大型土壌動物は，植物の生育する環境を物理的に変えることにより直接的に地
上部の植物の生長や種組成に影響しうる．そのため生態系改変者（ecosystem
engineer）とよばれることもある．熱帯の重要な分解者であるシロアリが作る塚
では，そこに含まれる栄養塩濃度が高く，一年生の草本が多いなど周辺とは異な
る植物組成がみられることが知られている．また，後述するようにミミズは土壌
の窒素無機化を促進することが多いだけでなく，土壌の物理性を変えることで植
物の生長に影響を与えることもある．たとえば，コートジボワールのサバンナに
棲息する中型の土壌食ミミズ（*Millsonia anomala*）は大きな土壌団粒構造を作り，
土壌を圧縮するのに対し，小型の土壌食ミミズ2種（*Chuniodrilus zielae* と *Stuhl-
mannia prorifera*）はサイズの小さな団粒構造を作り，それほど土壌を圧縮しな
い．そのため，これら2つのグループ（土壌圧縮グループと非圧縮グループ）は

9.3 地下部の生物が地上部に与える影響 125

土壌透水性への影響が異なる．マイクロコズム実験（7.3.2 項参照）では，この2つのグループをともに入れると，農作物の生長のパターンが，単体で入れるものと異なることが示されている（Blanchart *et al.*, 1999）．

9.3.2 地下部の生物が植物に与える間接的影響

自由生活性の土壌微生物は有機物を無機化し，植物に必要な栄養塩を与える正の効果をもつ一方で，栄養塩制限の条件下では植物と栄養塩をめぐる競争によって負の効果をもつこともある．たとえば，Dunn *et al.*（2006）は，草本を植えたポットにグルコースを加えることで土壌微生物の現存量と ^{15}N で標識した窒素源の取り込みが増加し，植物の窒素の取り込みと生育が悪くなることを示している．また，森林土壌における窒素無機化速度や硝化速度は，地形や遷移段階によって変化することが知られている．この土壌微生物による窒素無機化パターンの違いは，その土壌に生育する植物の定着にも影響している可能性がある．事実，遷移後期種の針葉樹を硝化活性の高い撹乱地に植林しても定着しにくいことが知られている．Kronzucker *et al.*（1997）は遷移後期種のカナダトウヒ（*Picea glauca*）がアンモニア態窒素を硝酸態窒素の20倍も多く吸収することを明らかにした．このような窒素源の選好性については，多くの植物種については生育環境によって変化することが知られており，その生理メカニズムは十分によくわかっていない．なお，活発に硝化が起こっている土壌でも，土壌微生物が硝酸を取り込む結果，見かけの硝化活性がみられないことがよくある．

土壌微生物による栄養塩の取り込みは，生態系からの栄養塩の流出を防ぐという意味合いもある．アンモニア態窒素から硝化により生成される硝酸態窒素は，負の電荷をもつため系外に流出しやすい．窒素制限の強いツンドラ生態系では，土壌が凍結している冬季において，おもに菌類からなる土壌微生物の現存量が最大となり雪解けとともに減少することが知られている（Schadt *et al.*, 2003）．

土壌微生物と同様に，土壌動物が植物の生長に及ぼす効果もマイクロコズムを用いた実験で調べられている．これらの結果は，土壌動物は植物の生長を増加あるいは低下させるなどさまざまである．これは土壌動物が微生物の生長を抑制あるいは促進する，または微生物によって不動化された栄養塩を放出するなどの複数の効果をもつことを意味しているのであろう．また，土壌動物の植物の生長への影響は対象とする植物群集の特性に依存するかもしれない．たとえば，De Deyn et al. (2003) はマイクロコズム実験によって異なる遷移段階の植物群集ごとに土壌動物の効果を調べたところ，土壌動物は遷移初期や中期の植物群集の生長を抑え，後期種の生長を促進した．

ミミズなどの大型土壌動物が植物の生長に与える効果を調べた実験では，その生長を増加させる正の効果を示すことが多い．最近のメタ解析によれば，ミミズは農作物の収量を約25%増大させる効果をもつようである．ただし，ミミズによる効果の大きさは，農作物へのデトリタスの供給量，ミミズの密度，肥料の種類や供給量に影響を受けるようである．土壌窒素濃度が低い農地において農作物デトリタスの供給量を多くすれば収量への効果も大きくなることから，ミミズはこ

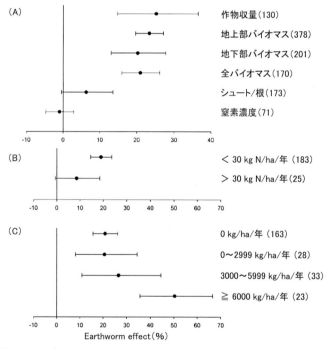

図 9.7 ミミズが作物収量，地上部バイオマス，地下部バイオマス，全バイオマス，シュート／根，地上部バイオマスの窒素含量に与える影響のメタ解析結果 (A)．ミミズが地上部植物バイオマスに及ぼす影響に窒素肥料 (B) と作物残渣 (C) の施用が与える効果のメタ解析結果 (van Groenigen et al., 2014) カッコ内は観測数，エラーバーは95%信頼区間を表す．

のデトリタスや土壌有機物の窒素無機化を促進しているものと考えられる（van Groenigen *et al.*, 2014；図 9.7）.

また，地下部の食物網構造の変化が植物の生長に及ぼす影響を調べた研究例もある．Laakso and Setälä（1999）はマイクロコズムを用いてセンチュウの捕食が土壌食物網や土壌窒素，植物の生長に及ぼす影響を調べた．彼らはシラカバ，土壌微生物，バクテリア食センチュウ，菌食センチュウからなる系に，センチュウを摂食する捕食性ダニ（Mesostigmata）を加えた．その結果，予想通りセンチュウのバイオマスは 50 % 以上減少するものの，センチュウの食物資源である土壌微生物バイオマスの増加はみられなかった．また，捕食性ダニの効果によってアンモニア態窒素のわずかな減少はみられたものの，植物の生長への影響はみられなかった．このように栄養段階を操作しても，植物の生長に影響するような結果がみられない例は中型土壌動物を対象とした研究でも報告されている．このような結果は，土壌食物網やそのプロセスの堅牢性を意味しているのかもしれない.

9.3.3 土壌動物が地上部の食物網に与える影響

土壌動物は地上部の動物の餌資源として利用されていると考えられている（図 9.1 の④）．この物質やエネルギーの流れ（腐植流入）は陸上食物網の構造を安定させることが理論的研究から指摘されている．この物質の流れの重要性を観察だけから評価することは技術的に難しいが，操作実験によってその流れの影響を評価できる．たとえば，Miyashita *et al.*（2003）は森林の林床をシートで覆い，腐植流入の量を制限した結果，地上部のクモの数が減少することを示した．また C3 植物と C4 植物の炭素同位体比（$\delta^{13}C$）の違いを利用して，土壌に供給されたリターが土壌動物やそれらを餌資源とする地上部の捕食者への流れを追跡できる．これらの手法を用いた研究の多くは，土壌動物への取り込みはみられるものの，地上部捕食者への炭素の流れはほとんどみられないことを報告している．ただし，これら炭素同位体を用いた研究はリター供給から 1〜2 年という短い期間の実験結果であり，それより古い炭素の流れを追跡できていない．そこで Hyodo *et al.*（2015）は自然存在放射性炭素（^{14}C）を用いて，消費者が利用する食物資源が何年前の光合成産物かを推定し，デトリタス由来の有機物が地上部の捕食者に利用されているかどうかを調べた．その結果，チョウなどの植食者や花蜜食のアリ類は比較的若い有機物（0〜4 年），シロアリなどの分解者は非常に古い有機物を利

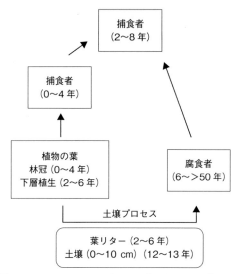

図9.8 マレーシア，ランビルヒルズ国立公園の熱帯雨林における消費者の食物年齢の範囲（Hyodo et al., 2015）

用している（6～50年以上）のに対し，昆虫食コウモリや軍隊アリなどの捕食者は古い食物年齢（2～8年）などを利用していることがわかった．この結果は熱帯雨林において，土壌動物が地上部の捕食者の餌資源として重要であることを示している（図9.8）．

9.4 地上部と地下部のリンクと生態プロセス

以上のように，植物の作り出す有機物による土壌生物への影響によって，土壌の窒素循環や炭素蓄積が決まり，それが植物の一次生産の質や量に影響する．長期にわたるこのような地上部と地下部のリンクは，ムル（mull）型，モル（mor）型とよばれる土壌の形成に関連しているようである．ムル型土壌は質のよいリターを作る植物が優占する場所に発達する．そのような土壌では無機化や分解が速く，あまり腐植層が発達せず，ミミズなどの大型土壌動物が多く，バクテリアが卓越する．一方，モル型の土壌では，質の悪いリターを作る植物が優占することが多く，無機化や分解速度が遅く腐植層が発達し，小型土壌動物や菌類が優占す

9.4 地上部と地下部のリンクと生態プロセス

る.

　この地上部と地下部のリンクの結果が生態系にもたらす結果は，生態系の遷移過程でもよくみられる．大きな攪乱の後，生態系が回復していく過程では，生態系を構築期，極相期，退行期に分けることができる．遷移初期の構築期では，窒素固定細菌やそれと共生する窒素固定植物によって系に窒素が蓄積していく．その後，極相期に向けて系内に有機物が蓄積し，しだいに窒素制限が強くなってくる．このようなパターンはアラスカの氷河が退行した調査地などでよくみられる．この状態がさらに長期にわたって続くと，有機物分解や一次生産などの生態プロセスの速度が低下する．この状態は退行期とよばれる．この退行期は，スウェーデンの湖に浮かぶ島々にみられる遷移系列でよく研究されている（Wardle et al., 1997）．雷は寒帯林の主要な攪乱要因である山火事の要因である．より大きな島ほど雷が落ちる頻度が高いために，山火事がより頻繁に生じる．そのため，大きな島ほど遷移の初期種のヨーロッパアカマツが優占し，島の面積が小さくなるにつれてシラカバ，そしてオウシュウトウヒが優占する．島のサイズが減少するにつれて土壌の微生物バイオマスや窒素利用可能性，リター分解速度が減少する．その結果，小さい島ほど炭素の蓄積は多くなっている．これは遷移後期の生態系ほど質の悪いリターが植物から供給され，地下部の無機化を抑制するなど，さまざまな生態系プロセスの速度が低下している結果生じていると考えられている．

　地上部と地下部のリンクを扱う研究アプローチは，われわれが直面する環境問題を考える上でも必要になってくる．たとえば，自然攪乱の再導入や外来種の駆除など生態系の再生について，地上部と地下部のリンクを考慮することで，より効果的な再生や再生事業の結果の予測が可能になるであろう（Kardol and Wardle, 2010）．寒帯林において山火事は植生の遷移を引き起こす重要な要因である．山火事はこれまで人為的に抑制されていたが，自然更新を促すため，山火事を意図的に起こすことが北部スウェーデンでは一般的に行われている．ただし，この山火事の再導入は森林の再生には効果的であろうが，遷移後期種が作り出す質の悪いリターが供給されないために土壌への炭素蓄積を減少させる可能性もある．また，外来植物は在来植物を駆逐するなどの問題を多くの地域で起こしている．その場合，外来植物は土壌微生物組成や機能（土壌酵素活性）も変化させているため，外来植物の駆除だけでは対策は不十分であろう．

　地上部と地下部のリンクのメカニズムに関して，これまで述べてきたような地

上部の質のよいリターが分解速度を速め，土壌の窒素利用可能性をよくし，それが植物の一次生産につながるというフィードバック以外にも，いくつかのメカニズムが最近提案されている（Hobbie, 2015）．たとえば，土壌の窒素利用可能性が高い場所では，植物は地下部に比べて地上部にその一次生産を投資する．その結果，地下部には分解の遅い根リターに比べて葉リターが多く供給され，そこでの物質循環速度が速くなるというフィードバックが考えられる．実際に，ブナの優占する冷温帯林では，斜面下部から土壌有機物がより蓄積する上部に沿って，ブナの葉の窒素含量が減少するだけではなく，地下部に根をより多く配分する現象が知られている（Tateno and Takeda, 2010）．これまで地上部と地下部のリンクの研究の多くは，草原やポット実験によるものが多かった．今後は森林を調査対象にした研究や，地上部と地下部の双方の長期にわたる操作実験が必要となってくるであろう．

兵藤不二夫

10

森林管理と土壌生態系

　森林管理は，目的とする生態系サービスの種類に応じ，森林生態系を構成する樹木や下層植生の密度，サイズや樹形，あるいは植生群集要素の種類，種数およびその生育条件を操作することである．人工林のように多様性は低いが炭素固定能力が高い森林か，それとも，炭素固定能力は多少低くても，さまざまな生物が棲める多様性の高い森林の造成を目指すか，森林管理では目的に応じたさまざまな選択が必要となる．限られた森林面積を有効に利用していくために，さまざまな森林管理方法が必要となってきている．森林の特性を人為的に操作するとき，土壌の管理は第一に重要な課題となる．森林では大きな樹木が最も重要な構成要素と捉えられがちだが，土壌のないところに樹木は育たないし，樹木によって要求する土壌条件はさまざまなためである．ここでは，人為的な森林操作や管理が土壌と土壌生態系の生物にどのような影響を与えるのかについて概説する．

10.1　森林管理と生態系サービス

　森林生態系が人間にもたらす恵みには，生態系やそれが内包する生物自体を維持するための仕組みである基盤サービス，木材をはじめとするさまざまな林産物や薬効植物を生産する供給サービス，大気環境，水質浄化や土砂災害や洪水発生の抑制などにかかわる調整サービス，人々が文化的活動や自然学習を行い，山歩きや散策などを楽しむための文化的サービスなどが含まれる．これら森林の恵みを生態系サービスとよぶ．森林管理は，人類が意図的に，任意の生態系サービス機能を発揮するための林地操作を行うことを指す．

　とくに近年の環境問題で大きな問題となっているのは，地球の気候変動と，生物多様性の劣化があげられる．森林は炭素を固定，貯蔵する機能が陸域でも最も高く，また多くの生物が暮らすための複雑な構造や仕組みをもっている．森林の

植生と土壌は二酸化炭素を吸収・放出・貯蔵する機能を有するが，今後の温暖化の進行で呼吸による炭素放出が増加すれば，生態系全体としての炭素貯蔵機能の低下と炭素放出源としてのリスクが高まるかもしれない．森林に貯められた炭素のうち，半分以上は土壌有機物として蓄積しているため，土壌有機物の適正な管理という観点から森林管理が土壌に与える影響も考える必要がある．炭素吸収や炭素貯蔵をはじめとする生態系サービスの機能を低コストで，効率的に発揮するためには，土壌を中心とした森林生態系の仕組みを理解することが重要である．

10.2 伐採と植林が土壌に与える影響

森林は天然林，二次林，人工林に類別される（図10.1）．人工林は伐採のあとに人間が目的の林相になるように人工的に植えた樹木で成林する林のことである．二次林は伐採後に自然に侵入してくる樹種，あるいは萌芽から成林した森林をいう．天然林は人の手が入っていない森林である．森林管理は天然林や二次林，あるいは人工林を伐採したり除伐による樹種選定や密度管理を行ったり，施肥をしたりしながら，造成した森林の機能を発揮するための手入れのことである．この管理によって，森林のさまざまな特性や機能，すなわち密度，種数，種やサイズの構成，種の空間分布や光合成産物の器官配分比などの変化が生じる．同時に，これに付随した下層植生や土壌の変化が生じる．

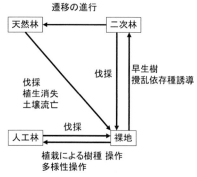

図 10.1 天然林，二次林と人工林の成立過程
二次林から遷移を経た古い二次林は厳密には二次林だが，天然林として扱われることも多い．人工植栽によらない二次林や天然林はまとめて天然生林ともよばれる．

10.2.1 植林による樹種の転換が土壌生態系に与える影響

　人工造林は木材生産を目的とし，生長の早い単一樹種の林分を造成するのが一般的である．日本ではスギ，ヒノキ，カラマツをはじめとする造林地が森林面積の4割を占める．日本の潜在的な天然植生は冷温帯の落葉広葉樹林から暖温帯の照葉樹林および島嶼部の亜熱帯林までさまざまで，地域によって中間温帯のモミツガ針広混交林，亜寒帯性の針葉樹林が分布する．造林では多くの場合，こうした天然林からの樹種転換をともなう．

　造林による樹種転換は地上部と土壌の関係について論じた第9章にもある通り，土壌に重要な影響を与える．また，天然林では実生や低木層から高木まで，複雑な立体構造をもつが，人工林では同齢個体が同条件で育つため，樹冠構造や樹木サイズが均一になる．植えられた樹木が同一種であるなら，土壌に供給されるリターの質の多様性が低下することが予測される．造林は伐採による攪乱を経るため，伐採後の二次遷移過程とみることもできる．こうした人工林の造成による樹種転換は土壌生態系にどのような影響を与えているのだろうか．

10.2.2 伐採と育林過程における土壌の変化

　伐採によって植生を失ったとき，リター供給が停止し，土壌有機物の分解が進行する（図10.2）．スギは植生生長にともなう樹冠閉鎖までの間，葉量を増やし続ける．15〜20年目までに林冠が閉鎖すると，葉量が一定になる．葉は毎年作られているので，林冠閉鎖後は作られた葉と枝と同等のリターが土壌に供給されるようになる．林冠閉鎖時の16年目の落葉落枝量と比較すると，林冠閉鎖後で伐期前の30〜40年目の落葉落枝量は3倍にもなる．すなわち，リターの質は林冠閉鎖の前よりも後に枝の比率が増えるため，分解しにくい木質リターの量が増加する．難分解性のリターは徐々に蓄積し，最終的に高い炭素：養分比のリターは，土壌養分生成の抑制をもたらす（Fukushima *et al.*, 2011）．これらはスギの人工林の例だが，一般的に広葉樹や天然の針葉樹でも林齢の変化には同様のパターンがみられる．

　二次遷移では，林齢に従って土壌の有機物層は初期減少ののちに増加するパターンをとる（図10.2）．伐採から有機物が自然の森林と同程度の有機物量に回復するのにどれくらいの時間を要するのであろうか．アメリカのサトウカエデの例では，20年まで林床有機物が減少し，もとの量に戻るまで50年かかった（Covinton,

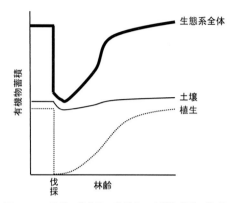

図 10.2 二次林,造林地の伐採後の有機物動態の模式図
(Tokuchi and Fukushima, 2009 より作成)
土壌は初期減少ののち,植生のリター供給とともに回復.

1981).ただしこれは初期に侵入する遷移初期種のリター分解速度が速いためかもしれない.有機物層や土壌炭素が初期減少から増加に転じ,伐採前のもとの炭素量に戻る年数は,気候や植生によってさまざまのようである.ヒノキでは12年,スギでも20年を超えたころには有機物堆積量は安定する (Sakai et al., 2010).スギ林と広葉樹二次林のリター蓄積量は,ともに20年程度で高齢林分と変わらないレベルに回復した (Hasegawa et al., 2009).北海道で筆者らが調べた例では,ミズナラ林の伐採後にミズナラをドングリから育成し,有機物層がもとのレベルに回復するまでの時間は10年だった.これらの研究では下層植生のリターや,下刈りによる有機物供給の量について議論していないが,こうした有機物供給も土壌炭素回復に重要である可能性がある.

伐採直後では植生による養分吸収も消失するため,有機物が分解されることで生成する養分は土壌の深層部や河川に流出する.そして流出養分は植生の回復とともに低減する.皆伐後の林齢にともなうスギ人工林の窒素流出量を調べた研究では,林分からの流出は3年で最大となり,10年弱で急激に流出が減少する(図10.3).植林地が健全に管理された場合,系外への養分流出は数年でとまる.

10.2.3 伐採と育林過程における中型土壌動物

伐採によって土壌動物はどのようなインパクトを受けるのだろうか.茨城県の

10.2 伐採と植林が土壌に与える影響

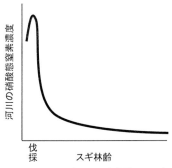

図 10.3 伐採直後から林内河川の窒素養分の流出が急増するが，植生の回復にともなって減少する（Tokuchi and Fukushima, 2009 より作成）

表 10.1 二次遷移の進行に対するさまざまな分類群の種数の変化（Makino et al., 2006）

植生遷移への反応	分類群
遷移の進行にともない減少	チョウ類，ハナアブ類，管住性ハチ類，ミバエ類，カミキリムシ類
遷移の進行にともない増加	キノコ類，キノコ上のダニ類
遷移の進行にともなう変化なし	ガ類，アリ類，オサムシ類，ササラダニ，トビムシ

　小川ブナ植物群落保護林周辺域において，伐採後の生物変化を観測した研究の結果では，チョウ，ハチ類，バッタ，アブやカミキリムシなど地上昆虫の種数は伐採後高く，林齢にともなって減少するのに対し，ガやアリ，地表徘徊性甲虫，ササラダニ，トビムシなど，土壌依存性の高い分類群の種数は，伐採直後と 100 年以上経過した森林との間でもほとんど違いがなかった（表 10.1）．二次遷移過程は土壌機能の喪失をともなわずに植生機能の消失が強く影響するプロセスであり，植生の攪乱，伐採の後の植生回復が適正に行われれば，土壌生物への影響はそれほど大きくないのかもしれない．

　針葉樹造林と二次林では，植生の生長量や供給するリターの量と質に大きな違いがあるため，土壌動物の成立過程も異なったものになることが予測される．広葉樹二次林とスギ林の土壌棲トビムシを比較した研究では，前述した通り，伐採後のスギ造林地と広葉樹二次林地の時間経過を追ったとき，トビムシの個体数や種数，多様性に対する植生や林齢の効果はほとんどなかった（Hasegawa et al., 2009）．伐採初年度にわずかに個体数や種数が少ないものの，4 年後にはほとんど

成林した状態と違いはなかった．食性でみると，腐植食性のトビムシの種数は有機物堆積量に，菌食や吸汁性のトビムシ種数はそれぞれ林床植生の多様性と正の相関があった．これは菌食や吸汁性のトビムシは，より新しいリター由来の食物を利用するため，植生を反映しやすいのに対し，腐植食のトビムシは集積したさまざまな年代の炭素を利用するため，リター集積量のほうが重要だったのだろう．ただし，スギ林と広葉樹二次林の間には種構成に違いがみられ，ヨツメフォルソムトビムシ（*Folsomia quadrioculata*）が広葉樹の高齢林の指標として選ばれ，キノボリヒラタトビムシ（*Xenylla brevispina*）がスギ林の指標種に選択された（図10.4）．トビムシは，環境に応じて食性などの機能群や種の入れかえを行うことで，高い種数や個体数を森林で保っているのだろう．

Hasegawa *et al.* (2013) では，林齢に対するダニ群集の変化の決定要因が，スギ人工林と天然林でどのように異なっているのかについても調べている．ダニ各種の個体数とさまざまな環境要因との関係は，捕食ダニ，ササラダニともにスギ人工林では下層植生の多様性に反応し，広葉樹二次林においては下層植生のほかに林齢や林冠木の多様性，有機物堆積量に反応する種が多いようであった．この

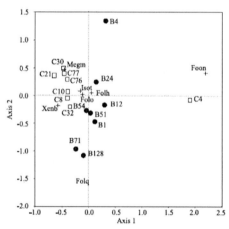

図10.4 スギ人工林と広葉樹二次林の群集の違いを表すCCA（多変量解析）の結果（Hasegawa *et al.*, 2009）Bは広葉樹林，Cはスギ林を表し，数字は林齢を表す．スギ林と広葉樹林では群集が異なる場所にプロットされること，4年目のスギ林や，71, 128年の広葉樹林はほかの林齢と異なる群集組成をもっていることがわかる．Folq：ヨツメフォルソムトビムシ，Xenb：キノボリヒラタトビムシ，Folo：ベソッカキトビムシ，Folh：ヒダカフォルソムトビムシ，Isot：メナシツチトビムシ，Foon：ヒメフォルソムトビムシ，Megm：ケシトビムシ．

違いはおそらく，人工林では進行するプロセスが空間的にも時間的にも均質であるのに対して，広葉樹二次林ではリターの供給や分解など，さまざまな種の効果が不均質で，環境の違いを明確に生み出すからかもしれない．

人工林では，造林木の生長にともなって，枝打ちや間伐などさまざまな施行が行われる．とくに林冠閉鎖後の林床は間伐をしないと暗くなり，下層植生が発達しないため，樹冠通過雨が直接林床面にあたる雨滴衝撃によって土壌の流亡が生じることが問題になる．また，間伐は下層植生の種数や被度を増加させるため，前述したようにトビムシやダニなどの小型節足動物の個体数や種数にはプラスにはたらくだろう．たとえば，九州のヒノキ林におけるササラダニの種数を検討した例では，常緑，落葉，ササの林床植生をもついずれのサイトのササラダニ種数でも，下層植生を欠いたサイトよりも高いと報告されている（図10.5）．

間伐施業ではしばしば高木種を含めた広葉樹の混交が生じる．Mori et al. (2015) では，カラマツ造林木と間伐による侵入広葉樹種の割合が異なる人工林において，造林木の斉一性がササラダニ群集の群集や機能の空間的なばらつきをなくし，空間全体の多様性を下げるかどうかを検討している（図10.6）．リター層に棲むササラダニは，造林木の割合が増加すると群集の空間的不均質性（β多様性）が低くなったが，土壌層に棲むササラダニにはそのような影響はみられなかった．同様に，リター層に棲むササラダニの形質の空間的不均質性も人工林が占める割合とともに下がったが，土壌層のササラダニにはそのような影響はみられなかった．つまり，植物種のリター影響が強いと考えられる表層種の場合には，人工林

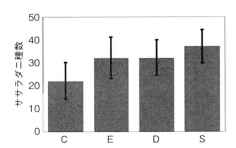

図10.5 ヒノキ人工林内の下層植生の違いと5地点のササラダニの平均種数（菱他，2009より作成）
C：下層なし，E：下層が常緑樹，D：下層が落葉樹，S：下層がササ．下層植生が存在すると種数が増加することがわかる．

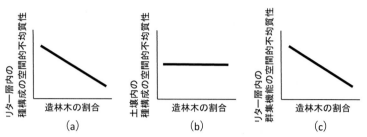

図10.6 広葉樹に対するカラマツ造林木の割合が,ササラダニ群集のβ多様性に与える影響(Mori et al., 2015より作成)
ここではβ多様性は群集の種構成や機能群の構成の空間的不均質性の指標として用いられている.(a) 造林木の割合に対する,リター層内の群集種構成のβ多様性,(b) 土壌内の群集種構成のβ多様性,(c) リター層内の機能群β多様性を示す.造林による樹種減少の影響は,表層生活をしているササラダニ群集の不均質性を減少させる.一方,土壌深くに生活する種の不均質性は影響を受けない.

のような画一的環境のもとでは群集の種構成や機能構造が均質化し,林分全体の多様性が下がる.これとは異なる例として,除伐後16〜41年経過した森林と無除伐の森林で,トビムシ,ササラダニなど小型節足動物への間伐の長期的影響を調べた研究では,有機物層に棲むササラダニ,トゲダニ,ケダニは数十年前の間伐の影響で減少しており,土壌棲息性の個体数には影響がなかった(Peck and Niwa, 2005).また,トビムシにも強い影響はなかった.

攪乱の強さによって土壌動物の受けるダメージと回復の過程は異なると考えられている.皆伐処理と同時に火入れによる林床の焼き払いを行った処理区を森林と10年間比較し続けた長期研究では,森林と伐採区の間にトビムシの個体数,種数の大きな違いはみられなかったが,火入れを行った区では個体数の大きな減少がみられ,その後実験期間中回復の兆候を示さなかった(Malmström, 2012).ただし種数は10年の間に回復し,森林と同等になるまで回復した.群集に含まれる種の形質的な特徴は,移動力が高く,両性生殖を行う種から順次回復した.ただし,火事強度が軽度の場合,トビムシは1〜2年で回復する(Malmström, 2010).また,ダニと比較するとトビムシは火事強度への反応が明確であることが述べられている.

日本での森林伐採後の植生回復にともなう小型節足動物の動態を整理すると,伐採のインパクトから植生回復がすみやかに行われた場合,個体数や種数の減少はごく短期間に抑えられる.その後植生回復の過程で小型節足動物の群集に重要

となるのは，林冠閉鎖前や間伐後の光を利用した林床植生や混交する雑木など，造林樹種と異なるリター供給様式をもった生産者の提供する空間的不均質性である．こうした環境に線形的に反応するのは土壌表層に生活する表層生活種である．一方，土壌内に生活する真土壌棲息性の種類は，人工林転換への直接的な反応はないものの，土壌の pH への反応性の違い（Ponge et al., 1993）が観察されており，林分スケールで変化する植生転換とは異なるスケールの現象に反応しているのかもしれない．

10.2.4　伐採と育林過程における大型土壌動物

　大型土壌動物は人工林化に対してどのように反応するだろうか．天然林と，4年生，15 年生，30 年生のスギ人工林で，大型土壌動物の群集比較を行った研究では，スギ林のほうが大型土壌動物全体の個体数は増え，種類も多くなるが，現存量やミミズはスギ林の方が多くなることが示されている（Watanabe, 1973）．京都の冷温帯の近接した場所で，土壌型や pH など類似した立地のブナ林，ミズナラ林，スギ人工林を比較した研究でも，スギ林でブナやミズナラ林の大型土壌動物現存量の 2〜4 倍多いという結果が得られている（Mori et al., 2009）．スギは一般の広葉樹と比較しても多くのカルシウムを含有し，土壌の pH を上げる効果もある．和歌山のスギ林と広葉樹林を比較した研究では，スギリターには，ミミズのほか，陸棲等脚類やヨコエビ類などの甲殻類を増加させる効果があった（Ohta et al., 2014）．

　日本の人工林はほとんどスギ，ヒノキ，カラマツを造林木として用いるが，アジア熱帯の多くはアカシアやユーカリなど広葉樹造林が主である．マレーシア・サラワク州のアカシア人工林と，天然林を比較した研究では，人工林への転換により，全個体数密度は変わらなかったが，アリ，シロアリ，バッタなど多くの分類群で減少がみられ，代わりにミミズ，等脚類，ザトウムシが増加した（Tsuka-moto and Sabang, 2005）．とくにミミズによる土壌動物現存量の増加は顕著であった．人工林で増加したミミズは endogeic の種類で，天然林にはまったくみられない種であり，外から持ち込まれた可能性が示唆されている．落葉変換者である等脚類と土壌生態系改変者であるミミズの爆発的な増加は，土壌生態系への強い影響が予測され，生態系管理上も長期的な観測が重要であることが示されている．

10.3 土壌流亡の原因と土壌生態系に与える影響

　前節では，土壌劣化をほとんどともなわない二次遷移における土壌生態系について説明してきた．しかし恒久的に土壌が失われるようなことがあれば，土壌によって育まれる植生と，植生によって守られる土壌機能の回復はいずれも難しくなる．植生の回復に見合わない高頻度での伐採は，かつて日本に多くの禿山型の土壌侵食をもたらした．滋賀県の田上山など西日本の花崗岩地帯では，多くの禿山型土壌侵食がみられたという．また，鉱毒型の植生劣化は，かつての日本でも足尾鉱毒事件などの直接的な鉱毒症の問題だけでなく，亜硫酸ガスによる植生の壊滅的な劣化にともなう土壌流亡と洪水の頻発，土石流などの大きな被害をもたらした．これらの土地では，緑化治山事業が数十年続けられているが，いまだに土壌と植生が回復したとはいえない状況である．

　土壌の劣化を長期的に引き起こす原因としてよく槍玉にあげられるのは，ヒノキ林である．ヒノキ林は林冠閉鎖後の林床照度が極端に低くなり，下層植生がほぼ消滅してしまう．また，ヒノキは鱗片葉という2〜3 mm程度の非常に細かい葉の集合であり，リターとなったときに即座に細片化するという特性をもつ．細片化した葉は，雨滴の衝撃を吸収できず，林床土壌が少しずつ削られてしまうため，表土の流亡が進みやすい．しかし間伐を適正に行い，下層植生を回復させれば，雨滴土壌侵食は軽減され，土壌の機能は回復するだろう．ヒノキ林の間伐を行い，下層植生の繁茂する場所と，間伐が遅れ，下層植生のほとんどない森林を比較した場合，土壌動物の総個体数はリター層で10倍，土壌層でも2倍得られた．ミミズをはじめ，カニムシ，クモ，ヤスデ，カメムシなど大型動物の多くは，無間伐林では得られず，間伐した場所で顕著に増加することが報告されている（高崎他，2010）．

　林道などの林地操作も土壌生物には局所的に強い影響をもたらす．Hasegawa *et al.* (2015) は，沖縄の大規模林道において，林道に近い場所ほど個体数や種数が少ないことを示した．また，林道近くではトビムシ群集内の種の欠損が生じやすいことを示している．林道は局所的に施工箇所の土壌を劣化させるだけでなく，無植生の水路をそこに形成することにより土砂流出源を形成することがある．これには路網の工夫により侵食場所を工夫したりする必要があるが，林道の侵食が広域的に土壌生物にどのような影響があるのかについての知見はほとんどない．

10.4 大型草食獣の増加が土壌に与える影響

　これまでみてきたように，森林管理が土壌生態系に与える影響はさまざまだが，土壌生物の多様性や機能保全の観点からいえば，下層植生の存在は決定的に重要な機能をもっているようである．森林生態系において下層植生が占める現存量の割合はわずか数％にも満たないが，下層植生は人工林の土壌動物種数や個体数の増加にかなりの程度貢献し，また土壌流亡の防止にも重要な役割を担っている．

　近年，日本のみならず世界でもおもに温帯先進国を中心に脅威の対象となっているのは，ニホンジカなど大型草食獣による下層植生の破壊である．草地を中心とするイギリスなどでは大型草食獣による被害はより深刻かもしれない（Evans, 1997）．日本でも，かつて冷温帯林には林床にササをびっしりとたたえ，さまざまな樹木の実生や稚樹があちこちにみられていたが，現在はみる影もない．筆者が学生であった20年前，京都大学の芦生演習林では，藪漕ぎといって，高いササを平泳ぎのようにかき分けながら歩く必要があったが，卒業するまでのわずか10年弱で，ササをはじめとした下層の低木類などはみられなくなり，トリカブトやイグサなどシカ不嗜好性の植物を除いて壊滅し，都市公園のような景観に変化している．こうした現象は日本各地でみられ，将来の森林を担う高木の稚樹も10cmにもならないうちにすべてシカによって食べられている．

　天然林だけでなく，主要造林木であるスギやヒノキの苗もシカの食害を受ける．シカ被害のある地域の造林地はすべての林地をシカ防除柵で囲う必要があり，施業コストや労力も高くつく．下層植生の育つ健全な森林や造林地の保全は，シカの個体密度管理の方策が見つからない現在，シカの排除を必要とする状況になった．

　京都大学の芦生演習林で，クマイザサが密生していた1976年と，クマイザサが完全に消失した2007年の同じ斜面を比較したところ，腐植食のミミズ（Oligocaeta），等脚類（Isopoda），ヨコエビ（Amphipoda），ヤスデ（Diplopoda）や，捕食者のイシムカデ（Lithobiomorpha），ジムカデ（Geophilomorpha），クモ（Araneae），ザトウムシ（Opiliones）など，ウズムシ綱を除くすべての分類群での減少がみられた（図10.7）．一方，同じ場所で1982年と2006年のササラダニ群集を比較した研究では，総個体数や種数には大きな変化はなかったものの，局所的な種多様性の減少と，局所間での群集構造が異なり，攪乱状況下でよくみられ

第10章　森林管理と土壌生態系

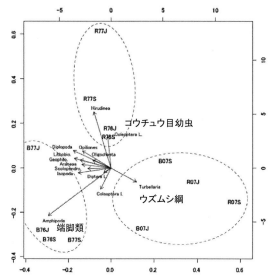

図 10.7 下層植生消失前（1976～77）および消失後（2007）の大型土壌動物群集の変化を現存量ベースで主成分分析した結果（Saitoh *et al.*, 2008）
RおよびBはそれぞれ尾根と谷，76S, 77J, 07J, 07Sはそれぞれ1976年9月，1977年7月，2007年7月，2007年9月採取の群集であることを示す．ササの密度は1990年代後半から急激に減少した．ウズムシ綱以外のほぼすべての大型動物が下層植生の消失によって減少していることを表している．

る単為生殖種の増加がみられるなど，群集の種構成には大きな変化がみられた（Saitoh *et al.*, 2010）．これらは下層が消失して数年後の状態であり，高木種がナラ枯れなどの被害を受ける前のことである．大径木の枯死との複合要因，大型土壌生物の機能の低下や，土壌流亡の影響などを長期に受けている現在，どのような影響を受けているのかさらに詳しく研究する必要がある．一方で下層植生のシカ不嗜好性植物への変化が土壌動物に正の影響を与える例も知られている．奥日光の落葉広葉樹林に設置されたシカ防除柵では，柵の外はシカ不嗜好性のシロヨメナ，柵内はミヤコザサ型林床となっているが，ミミズ類はササよりもシロヨメナの優占する柵外で現存量，個体数ともに多いことが報告されている（關・小金澤, 2010）．

下層植生を失うと土壌の侵食量は増加する（古澤他, 2003）．10.3節でみたように，土壌攪乱の程度が大きければ土壌動物の回復には大変な時間がかかることに

なる．日本ではまだ森林の高木が残っており，リターの供給は途絶えていないが，後継樹がまったく育っていない現状で，森林と土壌が維持される保証がどこにあるだろうか．現在多くの自治体単位でシカの駆除事業が行われ，多くのシカを捕殺しているが，被害地域の拡大こそ聞くことはあっても，地域のシカが減少したという報告はいまだ聞いたことがない．増加した状態のシカから，全国すべての林地を物理的に守ることには限界があり，抜本的な解決は遠い．あたり前にみられている土壌の機能がどれくらいの速度で劣化し，回復するのか，土壌動物を注意深く観測しておく必要があるかもしれない．

10.5 土壌の健全さを示す指標

これまで森林管理により，土壌動物群集がどのような影響を受けているのかを概説した．しかし全体としてどのように土壌動物が変化し，土壌管理がどのくらい効果を示したのか，判断するのは難しい．実際の現場で，土壌動物から環境の改善が図れたのかどうか，把握する方法はあるのだろうか．

青木（1995）は，目や綱の単位の土壌動物のグループを単位として，自然条件に特異的に現れるグループに高い点数を与えた傾斜配分を施した，土壌動物を用いた土壌の自然度を診断する方法を考案している（表10.2）．サンプリングは50cm程度の土壌から大型土壌動物をより分け，ハンドソーティングで採取し，小型土壌動物は2L程度の土壌をツルグレン装置で採取するとしている．この指標では，実際に自然林や都市の植え込みなどさまざまな動物を比較し，自然の森林に特異的に出現する分類群などに高い得点が，自然林も含めて，撹乱地や都市公園などの人為影響の強いところにも分布できるグループには低い得点が与えられている．また，すべての分類群が揃ったときに100点満点になるようになっているので，総得点からの相対的な位置が直感的にわかりやすいよう工夫されている．実際の野外環境で調べた結果では，道路の植え込みでは15〜20点，公園や人家の庭，校庭などで25〜35点，若い雑木林，人工林では35〜45点，成熟した二次林で55〜65点，社寺林など自然のまま保たれた天然林では60〜75点程度になるという．

同様に，Parisi（2005）による土壌動物を用いたBiological Quality of Soil（QBS）などの採点基準も考案されている．これは，大まかに分けられた土壌動物それぞ

144　　　　　　　　第 10 章　森林管理と土壌生態系

表 10.2　土壌動物を用いた環境指標の得点

分類群	青木の指標	Parisi の EMI
カマアシムシ	-	20
コムシ	3	20
トビムシ	1	1〜20（表層種 1〜真土壌種 20）
イシノミ	5	10
シミ	-	10
ハサミムシ	3	1
バッタ目	-	1〜20（コオロギ 20，その他 1）
シロアリモドキ目	-	10
ゴキブリ目	-	5
チャタテムシ	-	1
カメムシ目	3	1〜10（セミ幼虫は 10，その他 1）
アザミウマ目	3	1
コウチュウ目（幼虫）	3	1〜20．1 点に以下の特徴ごとに加点
（成虫）	3	＜2 mm（＋4），細い（＋5），後翅ない，小さい（＋5），
（アリヅカムシ）	5	目が小さい，ない（＋5）
（ゾウムシ）	3	
（ゴミムシ）	3	
（ハネカクシ）	1	
アリ	1	5（ハチは 1）
ハエ目幼虫	1	10
その他昆虫の幼虫	-	10
その他昆虫の成虫	-	1
ダニ	1	20
クモ	1	1〜5（＜5 mm は 5，その他 1）
ザトウムシ	5	10
コヨリムシ目	-	20
カニムシ目	3	20
等脚類（ヒメフナムシ）	5	10
（ワラジムシ）	3	
（ダンゴムシ）	1	
ヨコエビ類	5	-
ムカデ（オオムカデ）	5	＜5 mm は 20，それ以上は 10
（ジムカデ）	5	
（イシムカデ）	3	
ヤスデ	5	＜5 mm は 20，それ以上は 10
エダヒゲムシ	-	20
コムカデ	5	20
リクガイ	5	-
シロアリ	3	-
ガ幼虫	3	-
ミミズ	3	-
ヒメミミズ	1	-

土壌動物を用いた「自然の豊かさ」による環境診断のための各分類群の得点（青木，1995）および土壌小型節足動物を用いた QBS 算出のための EMI（Parisi，2005）．環境診断指標では各分類群の得点を合計し，すべての分類群が揃えば 100 点となる．QBS は EMI の和として計算される．

れに，より真土壌棲息性の特徴を有するものに20点満点でEco-Morphological Index（EMI）という得点を与え，それらをすべて合計して足し合わせる方法である．つまり，真土壌棲息性の大分類に属するさまざまな種類の動物が棲んでいるほど質の高い土壌であるということである．これらは健康な土壌の判断材料が異なるので，得点の構成も異なっているが，いずれにしてもたくさんの分類群を見つければ点数は高くなる．また，綱や目など，肉眼と簡単な知識でも十分にわかる範囲で調査できるため，人手をかけた大規模調査なども比較的簡単にできるかもしれない．

　得点の良し悪しは，1つの生態学的な判断材料にはなる．しかしなぜ動物の組み合わせが変化するのかについての機構は明確に示されていない．研究現場では，これらの生物的得点制度と，それを支える土壌の関係についての洞察が同時になされるべきであろう．永野・後藤（2012）では，青木の自然度指標が裸地，草地，人工林，雑木林，竹林の順に高くなっていくことを示し，土壌硬度やリターの厚さと正の相関をもつことを示している．

10.6　持続的な森林土壌管理に向けて

　森林の機能を保護するということは，端的にいえば土壌機能を持続的に維持する環境を整えることといえるかもしれない．本章では，伐採のインパクトと人工林や二次林における植生回復にともなう土壌動物群集の変化を概説し，植生が消失するような土壌流亡，大型草食獣被害について説明した．土壌の分解機能は複雑な腐植連鎖系の上に成り立ち，その把握は簡単なことではない．しかし，トビムシやミミズやダンゴムシなどの土壌動物が個体数や種類の構成などによって健康に暮らしているのかどうかなど，青木（1995）の自然度指標のような単純な指標によって診断できるのかもしれない．こうした単純な指標は，景観管理や土地利用評価の評価に用いられてきたが，土壌生態学などの専門誌には近年まで扱われていなかった．現在発達している群集解析の方法には，どのような生態特性をもった個体が環境変動に反応しているのかを明らかにするための形質ベースの研究手法が発達しており（Pey *et al.*, 2014），とくに景観生態学や，森林管理の現場でも，自然度の指標などは土壌の復元指標として大いに用いられるようになる可能性がある（Vandewalle *et al.*, 2010）．土壌動物を現場の指標として利用するた

めには，複雑な環境条件と土壌動物群集の関係を解き明かす努力と同時に，できるだけ単純なルールと簡単な指標化を示していく努力が払われるべきであろう．そうすることによって，土壌動物学は社会に有用なツールを提供できると考えられる．

菱　拓雄

11

保全農業と土壌動物

　これまで急増してきた世界人口は，これからもさらに増加し，今後も食料需要が増大することが予測されている．農業生産では単収（単位面積あたり収量）を上げることを追求するあまり，ますます農地土壌の状態が悪くなるのではないかと懸念されている．近年，緑の革命に代表される農業技術の近代化にともない農業生産量が増大した一方で，土壌侵食の増大，農薬や化学肥料による土壌と水界の汚染，連作障害といった弊害が多発している．それに対してどのような農法の改善が必要かという検討から，保全農業（conservation agriculture）が提唱され，世界的にその重要性が認識されてきた（McIntyre et al., 2009）．人による農林業生産によって，土壌はさまざまな影響を受ける．また，第12章で検討するように，地球環境の変化も土壌の状態に影響を及ぼす．健康な土壌がもつ機能として炭素循環，栄養塩循環，土壌構造の維持，病害虫の制御が重要であるとされている（Kibblewhite et al., 2008）．保全農業では，土壌の攪乱をなるべく少なくする省耕起や不耕起の採用，地表面を有機物マルチやカバークロップなどの植物で常に覆うこと，そして輪作の採用によって土壌の健康な状態を達成しようと考えている（図11.1）．これらの管理法はすべて，土壌生物の現存量と多様性の増大につ

図11.1　保全的な農業管理の3要素

ながる．土壌微生物や土壌動物が農業生産力を増大させるという研究例が，最近，次々と発表されるようになってきた．たとえば，第5章で紹介したように世界中の研究成果をとりまとめたメタ解析によると，ミミズがいると農作物の生産量を有意に増加させるという報告がなされている（van Groenigen *et al.*, 2014）．本章では，農業による土壌劣化の実態と，保全的な管理による回復について実例をあげて説明する．

11.1 土壌劣化

土壌の劣化は，水や風による侵食，農業機械などによる圧密，塩類化，土壌有機物の減少や溶脱，施肥を上回る収奪による養分欠乏，重金属や農薬などによる土壌汚染,舗装や建物による被覆などから生じる（Montanarella *et al.*, 2016）．土壌汚染の結果，土壌のもつさまざまな機能が損なわれるが，とくに農作物の生産力の低下は世界的な食料供給の脅威となっている．また，これらの人為的な影響で土壌の生物多様性が低下すると,土壌のもつ機能が損なわれる（Barrios, 2007）．さらに，土壌劣化は土壌に起因する病気の拡大につながるため，人の健康にも大きな意味をもつ（Wall *et al.*, 2015）．

農地を耕すことは農業の基本ともいえるが，そのことが土壌侵食を促進することはよく知られている（Strudley *et al.*, 2008）．世界中のさまざまな土地利用における土壌侵食の測定例を侵食速度の順に並べると（図11.2），耕起を行っている農地の侵食速度が，土壌生成速度や緑地における侵食速度に比べてきわめて速いことがわかる．一方，不耕起や省耕起などの保全耕起を行っているところでは，ほぼ自然の土壌生成速度や緑地における侵食速度に近い．土壌侵食は自然現象であり，森林や草原のように自然の植生がある場所でも生じるが，持続可能な農業の達成には，少なくとも土壌侵食速度を土壌生成速度と同程度に保つ必要がある．

インドネシアのスマトラ島は，現在，世界の熱帯地域の中で最も急速に天然林が失われている地域である(Laumonier *et al.*, 2010)．スマトラ島の森林率は1985年には57％あったと推定されるが，2007年には30％にまで減少した．天然林減少の大きな理由は新規の農地開発と人工造林である．森林を伐採して農地に変えると，土壌炭素の急速な減少が起こる（West *et al.*, 2010）．これは農地で作物を栽培するために耕起を繰り返すことで土壌有機物の分解が促進されるためと，森

11.1 土壌劣化

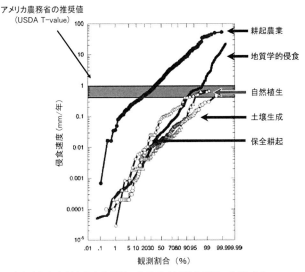

図 11.2　土壌生成とさまざまな土地管理における土壌侵食速度の比較（Montgomery, 2004）

林が取り払われ，作物が栽培されることで落葉や根が枯れ，土壌への有機物供給量が減少するためである．さらに，有機物の分解速度は温度に比例するので，気温の高い熱帯のほうが温帯より有機物分解が速い．そのため，森林を開墾して農地にすることによる土壌炭素の消失は，熱帯では 120 t/ha，温帯では 63 t/ha と大きく異なる．また，農業生産によって得られる炭素の量は熱帯では年間 1.17 t/ha であるのに対し，温帯では 3.84 t/ha と推定された．したがって，熱帯における農地開発は，植物による炭素の固定量を減少させ，土壌有機物の分解を促進し，土壌からより多くの炭素を二酸化炭素として放出することになる．土壌有機物は土壌の肥沃度の維持に重要であり，少なくとも土壌有機物の少ない土壌で持続可能な生産は行えない．

　森林を農地に転換した直後とは違って，すでに農地となっているところでは一般に土壌劣化の進行速度が遅く，土地所有者である農家や一般の人々にとって土壌が劣化していることを実感することは難しい．そこで，熱帯における長期の生産力低下の実態についてデータに基づいてみてみよう．スマトラ島南部の大規模なサトウキビ農場では，森林の開墾後，徐々にサトウキビの収穫量が減少し，20 年間で 24% 減少した（図 11.3）．サトウキビは，農地を耕した後，畝にサトウキ

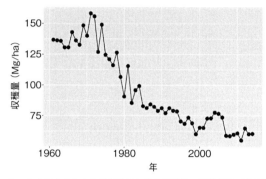

図11.3 スマトラ島のサトウキビ農場における収穫量の経年変化（金子他, 2017）

ビの茎を30 cmほどに切ったものを埋めると，そこから萌芽して生長する．約1年後，地上部だけを刈り取ると，切り株から再び萌芽するので，5〜10年程度，植えかえることなく収穫を続けることができる．通常，収穫直後に，畝間を耕して施肥を行う．したがって，農地全面を毎年耕す作物に比べると土壌へのインパクトは少ないと予想されるが，この農場では収穫量の減少が顕著であり，土壌劣化が生じていると考えられる．経営者は，化学肥料の量を増やしたり，堆肥の投入をはじめたりしているが，土壌有機物量を保持する効果は明らかでない．

また，オーストラリアにおけるサトウキビ栽培も，1990年代にかけて生産力の減少が問題となった．当初，病虫害が原因ではないかとして大規模な調査がなされたが，最終的には土壌劣化によるものと結論付けられた（Stirling *et al.*, 2010）．その後，サトウキビ栽培に本格的に保全耕起が導入され10年が経過したが，まだその効果は明らかではない．したがって，土壌の回復速度はきわめて遅いと考えられている．農地の面積あたりの生産量が減少すると，同じ量の生産物を得るための農地を確保するため，さらなる森林の破壊につながる．このような生産力減少，すなわち土壌劣化をなんとかして食い止める必要がある．

11.2 なぜ耕すとよくないのか

陸上では，火山の噴火跡地や大規模な地滑り跡地などで，植生の一次遷移が進行する．一次遷移では，岩石の風化と微生物のはたらきによって土壌生成がスタートし，やがてさまざまな生物が定着していく（図11.4）．地上部をみると，微生

11.2 なぜ耕すとよくないのか

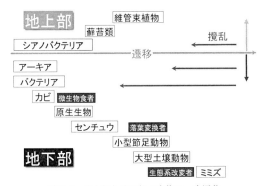

図 11.4 地上部と地下部の生物の一次遷移
地上部でシアノバクテリアから蘚苔類，維管束植物へと遷移が図の左から右へと進むのにつれ，地下部でも微生物からミミズへと遷移が進む．

物や蘚苔類に続いてシダや草本植物，そして最終的に木本植物の順に大型の植物が定着していく．土壌でも地上部の変化に応じて遷移的な変化が起こる．土壌の中では，微生物に続いて微生物食者，落葉変換者，そして最後にミミズのような生態系改変者が現れる．したがって，土壌中でも地上部と同様に，小型の生物から大型の生物の順に定着していく．この遷移の進行は，撹乱によって後退する．すなわち，火災や，森林伐採，強度の放牧などにより森林が失われ，草原となる．さらに撹乱が強くなると，植物が失われ，土壌侵食が進行する．土壌では，より大型の土壌生物のほうが撹乱の影響を受けやすい (Wardle, 1995)．ヨーロッパの4カ国で草原，保全農地，慣行農地の土壌生物の多様性や現存量を調べた結果では，この順にミミズやトビムシが減少し，動物の平均体重も減少したが，センチュウの多様性や密度には違いがなかった (Tsiafouli et al., 2015)．土壌の耕起は，ミミズにとって負の影響が大きい (金子, 2015)．Briones and Schmidt (2017) は，メタ解析によって，保全的な耕起を行うことで慣行的な耕起よりも大幅にミミズの個体数やバイオマスが増加することを明らかにした．農業の基本であるとされている耕起は，土壌生物にとっては予期せぬ大きな撹乱であり，大型の土壌動物ほど先に消えていく．一方，微生物はかなり強い撹乱を受けても土壌中に棲息することができる．しかし，ミミズの減少は土壌構造の変化を通して微生物にも影響する．このように考えると，耕起を繰り返す農地は，土壌動物に乏しい状態で土壌を管理していることになる．

11.3 保全農法による土壌生物相の変化

農地では耕起を減らし，土壌を有機物で被覆することで，土壌の攪乱が減少する．筆者らは大学構内のもともと草地であった場所を 2010 年から実験圃場とし，半分を耕起し，残りの場所は雑草を地際から刈り取りその場に置いていくという不耕起・草生管理を行う試験を実施した．基本的に冬にコムギを，夏にダイズを栽培し，耕起区では 6 月と 11 月に家庭用のカルチベーターで 2 回ずつ耕した．また，処理の半分には有機質の肥料を散布し，農薬は使用しなかった．その結果，耕起区では，最初の耕起の直後にミミズが減少し，その後，ほとんど定着できなくなった（図 11.5）．2014 年の春に収穫したダイズの量は，不耕起・草生で施肥をした処理で最も多く，続いて耕起＋施肥であり，最も収穫が少なかったのは，耕起で無施肥の処理であった．このとき，土壌微生物バイオマスは，耕起することにより，1/3 から 1/5 に減少し，小型節足動物も少なくなっていた（金子，2015）．したがって，草地状態から雑草のない普通の農地にすることで，土壌中の生物多様性およびバイオマス量が大きく損なわれることがわかる．このことは，直接に土壌の機能低下をもたらした．すなわち，開始直後の土壌団粒の量と組成を詳細に解析すると，耕起区では粗大団粒が減少したが，不耕起・草生区では粗大団粒が維持されていた（図 11.6）．粗大団粒には多くの有機物が含まれるので，耕起す

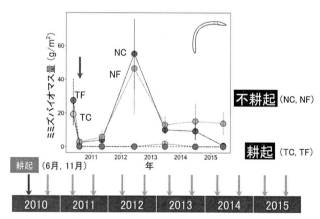

図 11.5 耕起と不耕起管理下におけるミミズバイオマス量の変化
TC：耕起＋無施肥，TF：耕起＋施肥，NC：不耕起＋無施肥，NF：不耕起＋施肥．

11.3 保全農法による土壌生物相の変化

ることによって土壌炭素濃度が低下していた.

また一般に,除草をしないと作物の生育が悪くなると考えられているが,この実験では作物が雑草とともに生育し,雑草量は作物の生長に関係がなかった(図11.7).作物にとって必要な窒素などの栄養塩の供給は,土壌中の蓄積量と,土壌からの供給速度によって決まる.不耕起・草生の土壌では栄養塩蓄積量が多く,土壌生物が有機物を無機化することによる可給態の栄養塩の供給が期待できる.窒素の収支を考えると,ダイズの収穫時にマメ以外の枝や根といった作物体も持ち出すと,ダイズが窒素固定をするにもかかわらず,総量としては土壌から窒素が失われていた.不耕起・草生を基本とする自然農の管理では,マメ以外の枝や根は極力農地に残す.このような管理では,1回の栽培で窒素の蓄積量が増加していた(金子,2015).

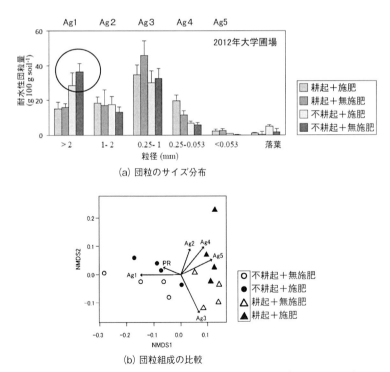

図 11.6 耕起と不耕起管理下における耐水性団粒組成の変化(Arai *et al.*, 2018)
(b) の Ag1~Ag5 は (a) の粒径に対応.PR は実験開始時の組成.

図 11.7 耕起／不耕起・草生処理と施肥処理によるコムギの収穫量の比較
不耕起・草生＋施耕で最も収穫量が多い．

　保全的な農地管理は，土壌の生物多様性を保全することができる．土壌は土壌生物によってその機能が維持されているため，土壌生物の保全は土壌機能を維持することにつながる．耕起は，農業における作業性の確保や雑草の管理を目的として行われてきたが，不耕起や省耕起と比較して耕起によって失われる土壌機能を評価することで，保全的な農地管理のあり方を検討することができる．

11.4　生態系機能を活用する農法

　土壌生態系は，窒素などの栄養塩類の供給だけでなく，さまざまな機能をもつ．土壌生物の多様性が高まると，一次生産，落葉分解，土壌炭素隔離，窒素循環，リンの溶脱抑制といった生態系機能も高まることが確かめられている（Wagg et al., 2014）．一般に農地では頻繁に耕起を行うことで，雑草を排除し，作物との競争を緩和しており，植物の多様性は減少する．しかし，農地ではない草原の野外操作実験では，一定の場所に生育する草本種の種数を増加させることで，生態系機能を高め，一次生産力を向上させ，その一次生産の年変動を安定化させ，地上部の昆虫などの節足動物群集を安定化させることがわかっている（Haddad et al., 2011；Tilman et al., 2014）．また，土壌では根から供給される滲出物が増えることで，微生物による炭素隔離が進行し，土壌中の炭素が増加すると考えられてい

11.4 生態系機能を活用する農法

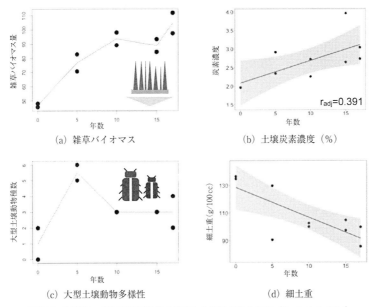

図 11.8 不耕起・草生栽培転換後の年数と土壌炭素量の関係 (Arai et al., 2014)

る (Lange et al., 2015). 不耕起・草生では雑草の種類が増え，面積あたりの根の量も増えるので，多様性と量の効果が期待できる．

土壌炭素の増加は，土壌への有機物投入の増加，および土壌の団粒化による物理的な炭素の隔離も影響がある．水田を不耕起・草生の畑地に転換し，一定の期間維持した農地では，粗大団粒が増加し，17 年間の平均で年間 60 g C/m^2 の炭素隔離が生じていた（図 11.8）．この団粒の増加には，雑草の根やミミズの糞などが寄与していると予想できる．そこで，ミミズの影響を同位体を用いて明らかにした．茨城大学とその近くの自然農の農地は，不耕起で無除草という点で共通していたが，茨城大学の試験地ではほとんどミミズがみられなかった．そこで，炭素の放射性同位体を用いて団粒中の炭素の古さを推定したところ，ミミズの多い自然農の農地では団粒中の炭素が茨城大学の団粒のものより相対的に若いことがわかった（図 11.9）．ミミズによる炭素の隔離量を推定すると，ミミズは，11 年間に 38.9 t/ha の土壌と 2.81 t/ha の雑草を一緒に食べ，糞団粒を作っていたと推定できた（Arai et al., 2013）．その結果，雑草に含まれていた炭素が土壌団粒の中に

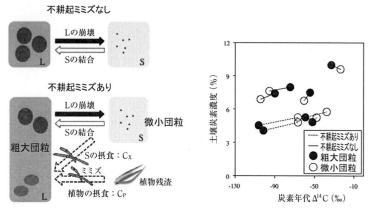

図 11.9 粗大団粒中の炭素年代とミミズの有無の関係
Lは粗大団粒，Sは微小団粒．

閉じ込められ，ミミズのいない土壌に比べ，炭素含有率が5%から8%へと，3%程度高くなっていた．粗大団粒は耕起によって容易に崩壊すると考えられるが，不耕起管理ではいったん生成されると比較的長い間土壌中に残るため，ミミズが棲息できる環境で土壌炭素が増加する．

　これらのことから，土壌の生物を攪乱しないで逆にうまく利用することで，土壌のもつ生態系機能が強化されるとともに，農法の改善により生産も確保することが可能であるといえる．このような管理では，土壌生物の多様性が保たれることが必要である．

　不耕起管理では，耕起しないにもかかわらず，土はやわらかい．土壌孔隙の量を評価すると，孔隙量は耕起直後では耕起処理のほうが多いが，耕起区ではやがて孔隙が減少して土が硬くなるのに対し，不耕起区ではあまり変化しないので，やがて孔隙量は不耕起のほうが多くなり（Tebrügge et al., 1999），透水性や保水性も向上する（Strudley et al., 2008）．孔隙量が多いと，第1章でみたように，中型土壌動物にとっての棲息場所が増加する．図 11.10 は，有機草生栽培をしているリンゴ園土壌の群集構造のうち，トビムシとその捕食者であるトゲダニの関係をみたものである．トゲダニは孔隙量とは直接の関係がなかったが，孔隙が増えるとトビムシが増え，トビムシが増えるとトゲダニが増える関係があった（金子他，2018）．

11.4 生態系機能を活用する農法

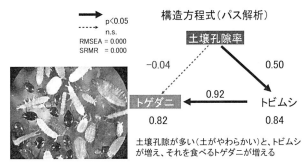

図 11.10 自然栽培リンゴ園と慣行リンゴ園,および隣接する広葉樹二次林における土壌生物群集と土壌パラメータの関係

　日本の自然農に特徴的な雑草の刈り取りは,土壌中の食物連鎖に大きく影響している可能性がある.農地ではないが,森林でシカがササの新芽を食べることの影響を詳しく調べた例を紹介する.茨城県の森林でシカによる摂食をまねて,ミヤコザサの新芽を抜き取る処理を行った(図11.11).すると根からの滲出物が増え,土壌細菌が増え,細菌食のセンチュウが増え,土壌窒素の無機化が増加した.窒素はササがそれを利用して再度生長するために使える.したがって,哺乳類による摂食は,土壌中の食物網を駆動して,最終的に食べた植物の再生産のための窒素供給を駆動していた.また,第8章でもみたように,土壌棲の昆虫は,土壌中の資源の存在にその活動が大きく影響を受けており,土壌中の根の単純化が根食性昆虫を害虫化していた.さらに,土壌保全的な管理は,土壌の状態の改善以外にも,土壌から地上部へ移動するハエやトビムシなどの増加により,地上部の天敵相を維持するはたらきがある.

　これまで,日本の自然農における土壌生態系の様子は十分には研究されてこなかったが,土壌生態学の研究の進展により,不耕起・草生管理が生態学的に意義のある管理であることがわかってきた(金子,2015).これは,作物以外の草本種が共存することで植物の多様性が向上し,植物による資源利用の相補性や,マメ科のような機能にすぐれた種を含む(サンプリング効果)ため,作物1種類だけを栽培するよりも群落全体として合計の一次生産が多くなり,土壌や地上の無脊椎動物の多様性や現存量が増し,土壌微生物のバイオマスが増大する変化を引き起こす.生態系全体として,多様性と現存量が多く,機能の高い状態を実現している(図11.12).

158　　　　　　　　　　第 11 章　保全農業と土壌動物

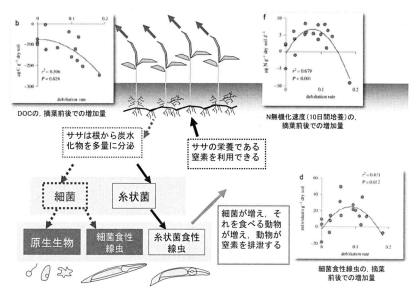

図 11.11　森林におけるシカによるササの喫食が土壌食物網に与える影響（Niwa et al., 2008）

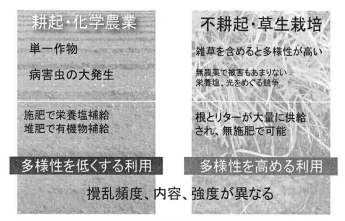

図 11.12　慣行と保全管理の生物多様性と生態系機能の関係（Kaneko, 2014）

　ミミズは第 5 章でみたような特徴をもつが，土壌動物の中でも常に最大の現存量を占め，餌を多量に消費するだけでなく，土壌構造を改変している．したがって，耕起をしない農地でミミズが増えると，ミミズによる団粒が増え，多孔質の

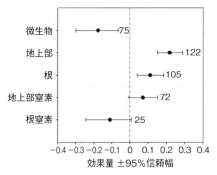

図 11.13 土壌動物が土壌微生物,および植物の生長に与える影響(Sackett *et al.*, 2010)

土壌構造が形成される.自然界におけるミミズの現存量が最も多いのは温帯広葉樹林のムル型土壌と,草原である(Petersen and Luxton, 1982).このことは,草本植物である各種の作物生産に,温帯草原のような状態を再現し,ミミズの現存量を増やすことで生態系機能を最大に生かす土壌管理が可能であることを示唆している.土壌動物は野外では,植物の生長を促進している(図 11.13).

11.5 土壌の多機能性と質の指標

持続可能な管理を行うためには,その管理について環境にどのような影響があり,どう改善すればよいかがわかるような指標が必要である.土壌は農作物の生産以外にさまざまな機能を保持しており,生産だけでなくほかの機能も高いほうが好ましい.土壌は自然資本(natural capital)であり,農家にとって土壌を資本として適切に取り扱うことは,気候変動や経済の急速な変化に対して経営の安定性をもたらす(Cong *et al.*, 2014).

土壌のもつ機能としては,一次生産,有機物の分解,水分や栄養塩類の保持,炭素の隔離,土壌生物などの棲息場所などがあるが,一般に土壌の指標としては一次生産に直接関係のある土壌の理化学性がよく使われている(土壌診断).このような土壌診断では,一定の地域の範囲でこれまで作物ごとに明らかになっている栽培に適した値が目標値として示され,調べた土壌が目標からはずれている場合には主として施肥による改善方法が提案される.

160   第11章　保全農業と土壌動物

　一方，理化学性の評価に加え，土壌生物の種類や量，群集組成も土壌評価に使われてきた．作物生産の立場からは，土壌生物は植物に対する病原性，共生性，そして無関係なものに大きく分けることができ，病原性生物については特定の生物の存在が調べられてきた．第3章で述べたようにセンチュウは病原性や捕食性以外にも細菌や真菌を食べる自由生活性のグループまで含めて食性群による解析が行われ，それに基づくさまざまな指標が提案されている．また，根粒菌や菌根菌のような植物の生長に利益をもたらす微生物も遺伝子解析で容易にわかるようになってきた．

　環境指標は，①指標に解釈可能な意味がある．すなわち，特定の生態学的機能や生態系の状態を指標できること．②標準化．ほかの研究者や事業者が実行可能であること．③測定可能で，安価であること．④政策決定に使えること．⑤時空間的適用性．特定の場所や時期に限定されず，広い範囲に適用できること．⑥指標が理解されやすいこと．⑦正確であること，といった条件を満たす必要がある（Pulleman *et al.*, 2012）．しかし，実際にはある1つの指標でこれらの条件をすべて満たすことはできないので，適切な指標の組み合わせも考える必要があるだろう．

　土壌動物を用いた環境指標は，さまざまな動物群を用いて開発されてきた．それらをまとめると，①専門家意見による判断により，攪乱に対して一定の反応をする動物群をグループに分けて点数化し，サンプルから点数を算出する．②土壌や群集データを多変量解析してグループ分けし，出現した種を指標種解析によって点数化する．③微生物や動物の群集構造に基づく機能の指標化などといった方法がある（表11.1）．

　土壌の質の評価に生物を取り入れることは，広く行われてきた．今後，遺伝子解析技術の発展を反映して，土壌微生物だけでなく，作物の表面や内部，そして農産物の微生物相を調べ，その関連を明らかにすることも行われるようになるだろう．すでに，ブドウ園の土壌，土壌微生物，ブドウの微生物相を調べ，ワイン生産における微生物相の評価とあわせて，テロワールを評価するサービスが開始されている（Belda *et al.*, 2017）．

　土壌の評価で問題となるのは，土壌がさまざまな機能を同時にもつこと（多機能性）と，その機能が相互に関連していることである．土壌は統合された実体であり，その統合の程度（integrity）が土壌の質の高さにつながる．すなわち，自

11.5 土壌の多機能性と質の指標

表 11.1 土壌生物を用いた環境指標

指標の考え方：①攪乱に対する反応でクラス分け

名称	生物	分類の精度	備考	出典
Maturity Index	センチュウ	目レベル	ほかに Channel Index, Structure Index など の類似の指標がある	Bongers（1990,）Ferris *et al.*（2001）
QBS-ar	節足動物の分類群に得点を与え，1個体でも出てきたら点を加える	種，あるいはより上位の分類群	イタリアでは古くから使われている	Parici *et al.*（2005）Menta *et al.*（2018）
青木の環境指標	ササラダニ 大型土壌動物	種，あるいはより上位の分類群		青木（1995）

指標の考え方：②生物と土壌環境の相関を定量化

名称	生物	分類の精度	備考	出典
GISQ	大型土壌動物	種，あるいはより上位の分類群	中南米の土地利用と生物多様性，機能の関係	Velasquez *et al.*（2009）
IBSQ	大型土壌動物	種，あるいはより上位の分類群	フランス全土の土地利用と生物多様性，機能の関係	Nuria *et al.*（2011）

指標の考え方：③群集構造に基づく機能の指標化

名称	生物	分類の精度	備考	出典
BISQ	微生物 センチュウ	微生物はバイオマス，センチュウは目レベル	オランダの土壌の質ネットワーク	Rutgers *et al.*（2009）Mulder *et al.*（2011）

然の攪乱や人為的な攪乱に対して統合が失われず安定していること（resilience）が重要であり，どの程度の攪乱まで耐えられるかの閾値（tipping point）を知り，その範囲内で土壌を利用することが求められる（Ludwig *et al.*, 2017）.

金子信博

12

地球環境問題と土壌生態系

　地質年代では，最も新しい現代は新生代完新世（Holocene）と呼ばれている．しかし最近では，現代は人間活動が全球的な物質循環を変化させ，将来の地質学者が完新世と明らかに区別できるくらい異なる環境を作り出しているので，人新世（人類世，Anthropocene）という新たな年代として定義するべきであると主張されるようになってきた（Steffen *et al.*, 2011）．

　環境問題はいまや地球規模の影響力をもち，人類が協力して解決にあたることが求められている．Rockstrom *et al.* (2009) は，地球のもつ環境収容力が環境問題との関係でどれくらい危機的な状況にあるかをまとめた．ここで比較された環境問題は，オゾン層の破壊や海洋酸性化，土地利用の変化などであるが，その中で，実は生物多様性の喪失と，窒素，リンによる環境汚染が，二酸化炭素濃度で指標される気候変動よりはるかに危機的な状況にあることが指摘されている．これら3つの変化は土壌環境と深い関係がある．具体的には地球規模で問題が顕在化している食料生産を維持するため，土壌をいかに持続的に利用するかについて注意する必要がある．また，二酸化炭素やメタン，一酸化二窒素といった温室効果ガスも，土壌から放出される．熱帯林や大型の動物に目が行きがちな生物多様性の危機には，人に気づかれることがない土壌生物の多様性が失われることも含まれる．さらに，砂漠化はまさに土壌劣化に起因する．これらのことをあわせて考えると，地球環境問題のうち緊急度が高いすべてに共通した課題として土壌保全があることがわかる（図 12.1）．

12.1　土地利用と土壌生物多様性の変化

　人間活動による土地利用の変化は，直接，間接に土壌生物の多様性に大きな影響を与えている．第 11 章でみたように，土壌動物は農作業，とくに耕起などの攪

12.1 土地利用と土壌生物多様性の変化

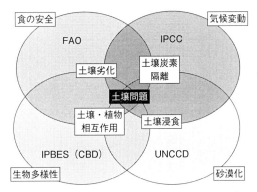

図12.1 地球環境問題と土壌の問題（Wall *et al.*, 2015）
FAO：国連食糧農業機関，IPCC：気候変動に関する政府間パネル，IPBES：生物多様性及び生態系サービスに関する政府間科学-政策プラットフォーム，UNCCD：砂漠化対処条約.

乱に弱く，除草剤や殺菌剤の散布の影響も強く受ける．また，化学肥料はいわば塩類であるので，土壌に散布された後，土壌水に溶け込み，浸透圧を急激に変化させる．したがって，化学肥料は土壌の液相に生活する微生物やセンチュウ，原生生物といった小型の土壌動物への影響が大きい．さらに，農法以外に，土地利用の変更も土壌の生物多様性に影響がある．

不耕起・草生栽培や有機栽培のように土壌生物多様性を高く維持する土地管理は，土壌に起因する病原菌や害虫発生を抑えて食料生産を支えるとともに，土壌に由来する作物や人に影響のある病原菌の発生をも抑制すると考えられている（図12.2）．逆に，慣行栽培のように耕起と化学物質を多用することは，土壌生物の多様性を低下させ，気候変動や窒素付加など外的な撹乱要因に弱い生産システムを生み出すことにつながる．ヨーロッパの農地において有機栽培と慣行栽培，そして休閑地の土壌生物多様性を比較したところ，休閑地＞有機栽培＞慣行栽培の順に生物多様性が高いことが示され，農業の集約化が農地の土壌生物多様性を低下させていることが明らかにされている（Tsiafouli *et al.*, 2015）．そのほかにも，森林を伐採して農地に転換したり，都市で建物や道路のために被覆したりすることでも，貴重な土壌とその機能が失われている．

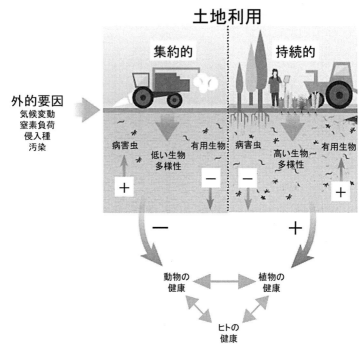

図 12.2 土壌の生物多様性とヒトの健康の関係（Wall *et al.*, 2015 を改変）
土壌の生物多様性には気候変動や，窒素負荷，侵入種，そして汚染が影響するが，とくに農業に関連する土地利用は，土壌生物の多様性の変化により土壌の病害虫や有用生物が増減し，植物や動物の健康を通してヒトの健康に影響する．

12.2 気候変動

　過去，氷期と間氷期のように地球の環境は何万年もの時間を経て大きく変動してきた．そうした気候変動により生物がそれぞれ異なる移動速度で分布を変え，群集を構成する生物種が再構成されてきたとされる．しかし，人間活動に起因する気候変動は，これまでの変化より急速に生じる可能性がある．気候変動の中でも地球温暖化は近い将来，高い確率で生じるといわれている．生態系を構成する野生生物は平均気温の上昇が起こると，最適な温度域を求めて移動する必要がある．植物や地上部の動物（哺乳類，鳥類，両生類，は虫類，昆虫）と違い，土壌中の生物は移動分散が困難な環境に棲息している．地上部の動物や植物に比べ，

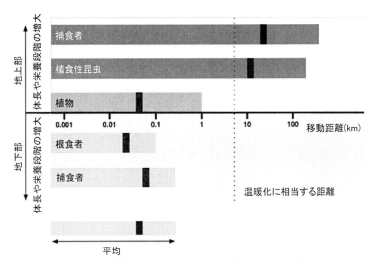
図 12.3 温暖化による生物の移動速度（Berg et al., 2010）

土壌生物は一方向，あるいは長距離の移動が難しい．Berg et al. (2010) はこれまでの研究例をもとに，地上と地下の生物の移動速度と温暖化による棲息環境の変化を比較した（図12.3）．植物は地上動物と比べて移動速度が遅いが，地下の根食者と捕食者の移動は植物と同等か，より遅いことがわかる．したがって，棲息地で温度上昇が生じた場合，地上部の生物が温度に対応して移動できたとしても，地下部の生物の移動が遅れるため，地上部と地下部の生物の組み合わせは現在と違ったものになる可能性がある（Berg et al., 2010）．

温暖化は，土壌温度の上昇を引き起こし，そこに生育する土壌動物の摂食速度にも影響があるだろう．環境制御室を用いて2種の落葉・土壌食ヤスデ（ミドリババヤスデとキシャヤスデ）を 3.3℃ の違いで飼育したところ，加温した場合の反応が種によって異なっていた．どちらも加温で摂食量が増えたが，キシャヤスデでは落葉よりも土壌を食べる割合が増加した（Makoto et al., 2014）．温暖化の生態系影響は植物や地上部の植食性の昆虫の反応をみる研究が多いが，温暖化が生態系レベルで及ぼす影響を理解するには，植物や地上昆虫と土壌，土壌生物との相互作用を考慮することが必要であることがわかる．

降水量の変化も，土壌動物の活動や行動に影響を与える．第8章でみたように，根食性動物の分布は土壌中の水分状態に影響を受ける．降水量の減少は，土壌生

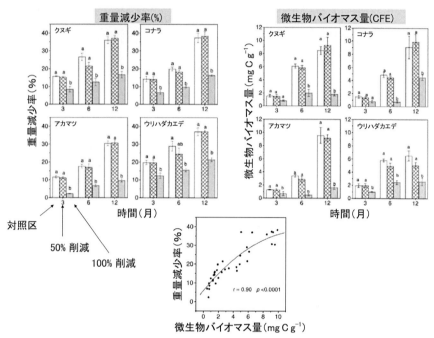

図12.4 森林内の降雨遮断実験が落葉の分解と微生物バイオマスに与える影響 (Salamanca *et al.*, 2003)

物の活動を抑制する．Salamanca *et al.*（2003）は島根県の落葉広葉樹林で，降水遮断試験を行った．森林内に雨よけを設置することで，地表面に到達する降水量を50%と0%に低下させた．1年間落葉の分解速度を調べたところ，降水量の低下が落葉上の微生物バイオマス量を低下させ，そのことを反映して落葉の分解速度が低下していた（図12.4）．土壌生物への影響は，二酸化炭素濃度の上昇，温暖化，降水量の変化のうち，降水量の影響が最も大きいことがメタ解析で報告されている（Blankinship *et al.*, 2011）．

気候変動は，温暖化や干ばつが単独で起こるよりも，複合的に起こる可能性が高い．土壌生態系の変化は地下部と地上部の相互作用を通して，地上の生態系にも影響していくことから，陸上生態系の挙動を理解するには，土壌生態系のモニタリングが欠かせない．

12.3 活性窒素による生態系汚染

　すでに述べたように，地球環境問題では温暖化や生物多様性の減少がよくとりあげられるが，それらと同程度の重要性をもつものとして，活性窒素（反応性窒素，reactive nitrogen）による環境汚染をあげることができる（Rockstrom *et al.*, 2009；Steffen *et al.*, 2015）．空気中に多量にある分子状窒素は元素が3重結合でつながっているため，安定している．一方，活性窒素は，生物に容易に利用される形態の窒素（NH_3, NH_4^+, NO_2, NO_3^- など）を指し，これらは生物と環境の間を移動するにつれて活発に変化していく．窒素はすべての生物の必須元素であり，その中でも体を作るために多量に使う元素である．しかし，岩石には窒素がほとんど含まれないので，土壌生成過程における風化では窒素は供給されず，空気中の分子状窒素を生物は直接利用できない．そのため，生態系は基本的に常に窒素欠乏状態にある．ところが，産業革命以降の化石燃料の燃焼や，電気化学的に空中窒素から合成された窒素肥料の使用により，大量の活性窒素が環境中に放出されるようになった．

　肥料として農地に散布された窒素のうち，一部は大気に戻るが，残りは硝酸態窒素として地下水や河川水を汚染する．化学肥料の窒素を散布すると，土壌微生物バイオマスの減少を引き起こす．その減少の割合は，不耕起栽培よりも耕起管理を行っている農地でより大きかった（Miura *et al.*, 2016）．それだけでなく，一般に活性窒素の増加によりその場所の生物多様性が減少し，富栄養な環境に適した種が優占する．窒素施肥は土壌微生物（Fierer *et al.*, 2012）や植物（Bobbink *et al.*, 2010）の多様性に大きく影響することがわかっている．そして，森林における窒素降下物の影響は，土壌生物を中心としてすでに生態系のさまざまな要素に影響があると考えられている（図12.5）．

　窒素は，食料生産の維持に欠かせない元素である．したがって，活性窒素のうち施肥による環境汚染は，問題の理解と解決が難しい．人間活動がどれくらい環境に活性窒素の負荷をかけるかを評価する方法に，窒素フットプリントがある（Shibata *et al.*, 2016）．Oita *et al.*（2016）は，国際貿易の詳細なデータをもとに，農業生産，輸送，加工における活性窒素の発生量を最終消費地における消費者による負荷であると考えて，国別の負荷量を計算した．その結果，現在の地球では人口1人あたり年間27 kgの活性窒素を発生させていた．世界人口の増加と，食

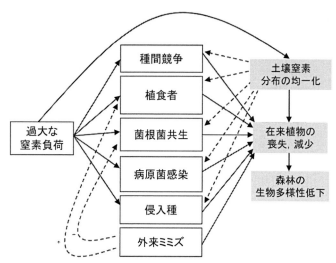

図 12.5 窒素負荷の増加が森林の下層植生と土壌に与える影響（Gilliam, 2006）

肉消費量の増加は窒素肥料の使用量や食品加工の過程における窒素排出量を増加させることが予測できる．したがって，窒素フットプリントの減少には農地における窒素の有効な利用，すなわち施肥した窒素が効率よく農作物に吸収されることや，食肉をあまり消費しない食生活への転換が必要とされている（Shibata et al., 2017；Tilman and Clark, 2014）．

12.4 重金属，放射性物質による土壌汚染

重金属は土壌汚染の主要な原因物質である．足尾銅山の汚染水が流入して重金属汚染が起きた渡良瀬遊水地では，現在，アシやオギなどが繁茂しており，景観をみる限り重金属の影響を感じさせない．しかし，土壌を調べると，銅をはじめとして現在でも高い濃度の重金属が存在している．このような土壌では，塩化カルシウム（$CaCl_2$）を用いて抽出してもほとんど重金属が抽出されなかった（Kamitani and Kaneko, 2007）．一方，ミミズ体内の重金属濃度は，キレート剤として使用されるDTPA（ジエチレントリアミン5酢酸）を用いて土壌から抽出した重金属濃度と高い相関があるだけでなく，カドミウムや亜鉛の体内濃度が土壌より高い種がみられた（図12.6）．ここでは，地中性を中心に8種のミミズが棲息してい

12.4 重金属，放射性物質による土壌汚染

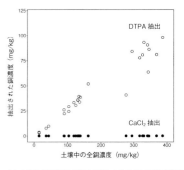

(a) 土壌の全銅濃度と DTPA 抽出および CaCl₂ 抽出の銅濃度

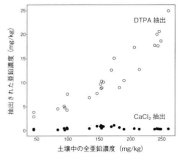

(b) 土壌の全亜鉛濃度と DTPA 抽出および CaCl₂ 抽出の亜鉛濃度

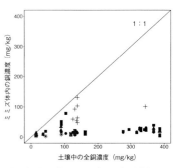

(c) 土壌の全銅濃度とミミズ種ごとの体内の銅濃度

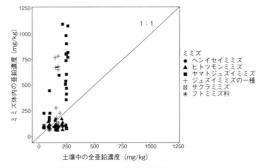

(d) 土壌の全亜鉛濃度とミミズ種ごとの体内の亜鉛濃度

図 12.6 渡良瀬遊水地の銅，亜鉛汚染とミミズの体内濃度の関係（Kamitani and Kaneko, 2007）土壌の重金属濃度は銅（Cu），亜鉛（Zn），鉛（Pb）の順に高く，30 地点で濃度勾配をもち，カドミウム（Cd）はほかの金属と比べてごく少量であった．右のグラフは銅について，横軸に全濃度，縦軸に DTPA，塩化カルシウム（CaCl₂）抽出で得られた濃度を示している．DTPA は全量と正の相関にあり，腸内の可給態画分が全濃度とともに増大することが予想された．一方，塩化カルシウム抽出は全濃度によらず低濃度で，皮膚からの吸収量は地点による変化が小さいと考えられる．

たが，ミミズの種間の重金属濃度の違いは，ジュズイミミズでとくに濃度が高くなる傾向があった．汚染が発生してから時間がたつと，重金属は粘土鉱物などに強く吸着され，植物や土壌生物に取り込まれにくくなる．しかし，地中性のミミズの場合，土壌を食べ，消化管内で水分や pH を変化させる．ジュズイミミズの場合，砂嚢を複数もち，消化管内で土壌をよく攪拌するため，土壌からミミズへの重金属の移動がより効率よく生じたと考えられる．したがって，このような汚染土壌では，ミミズがほかの動物に食べられると，ミミズを介して土壌からほかの動物に汚染物質が移動することになる．

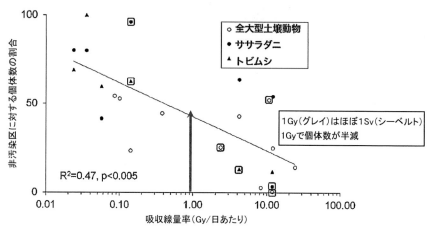

図 12.7 ロシアにおける環境の放射性物質による汚染と土壌動物の個体数の関係 (Zaitsev et al., 2014) 放射線の強度と土壌動物の個体数変化の関係. ◻ で囲ったのはチェルノブイリ周辺のデータ.

　2011年3月11日に起きた東北地方太平洋沖地震の影響で，福島第一原子力発電所が事故を起こし，大量の放射性物質が環境中に放出された．このときの初期の推定では，水棲生物やミミズなどに影響があるレベルの汚染が生じた可能性が指摘された (Garnier-Laplace et al., 2011)．一方，チェルノブイリ原子力発電所事故をはじめとするロシア国内の放射性物質による環境汚染では，土壌動物への影響に関する多くのデータが得られており，それをまとめると，およそ1Gy（グレイ）の被爆で個体数密度が半数に低下すると推定された（図12.7）．福島事故の場合，多くの場所で幸いにもこのレベルよりはるかに低い汚染レベルであったと推定できる．しかし，森林の場合，放射性セシウムのほとんどは森林土壌の表層に集積し，長い期間にわたってそこにとどまることが予測されている (Imamura et al., 2017)．したがって土壌生物が数多く棲息する表層土壌が，半減期の長い放射性セシウム ^{137}Cs によって長期に汚染され，土壌動物に取り込まれることになる．

　土壌生物の中ではキノコの子実体の放射性セシウムの濃度が高いことが知られている (Calmon et al., 2009)．土壌動物は放射性セシウムの生物濃縮を引き起こさないが，ある程度環境中から移行する．事故後の森林で行われたモニタリングでは，時間の経過とともに放射性セシウム濃度が落葉層では減少し，反対に土壌

表層では増加した．しかし，ミミズの体内濃度は，落葉層における濃度低下より緩やかに低下していた（Hasegawa *et al.*, 2015）．したがって，たとえば，ミミズを多量に食べるイノシシのような動物の放射性セシウムによる汚染が長期に続くことが予測される．実際，オーストリアではチェルノブイリ事故後，数年でイノシシの体内の放射性セシウム濃度が上昇し，20年たっても依然として高い水準を維持している（Strebl and Tataruch, 2007）．したがって，土壌から放射性セシウムを集め，地上部の動物に食べられるキノコやミミズのような土壌生物を介した汚染が続くことになる（金子・中森，2014）．

12.5 生物多様性と生態系サービスの劣化

国連は西暦2000年を記念してミレニアム開発目標を提唱したが，提唱にあたって地球環境と人間活動の関係を整理するためにミレニアム生態系評価（Millennium Ecosystem Assessment：MA）を実施した（Millennium Ecosystem Assessment 編，2007）．生態系サービス（ecosystem services）は，一次生産や土壌生成，栄養塩循環といった基盤サービス，食料，淡水，木材，繊維や燃料の供給である供給サービス，気候調整，洪水，疾病の制御，水の浄化といった調整サービス，そして自然をみて美しいと思う審美的あるいは精神的価値，教育やレクリエーションの場という文化的サービスを指す．これらのサービスを人類は無料で享受していること，そして，それらは生物多様性によって維持されていることをMAは豊富なデータによって示した．生態系サービスは，いいかえると人工的に代替できない自然の恵みである．われわれは，かつての経済成長の時代には自然環境の利用や負荷は外部経済として，生態系サービスを評価することなく，逆に汚染や棲息地の改変によって環境を損ねてきた．現在では，生態系そのものや土壌は自然資本であり，再生産可能な状態でこれらを維持することが，われわれにとって，経済的にも社会的にも有益であると考えられるようになった（Costanza *et al.*, 1997；Keesstra *et al.*, 2016）．

MAでは，1950年から2000年の間に人口や食料生産は大幅に増加したが，同時に生物多様性へのダメージが増大し，化石記録から推定した生物の絶滅速度に比べると，現在では1000倍の速度で地球上のさまざまな生物が絶滅に追い込まれていることが明らかにされた．この間，生物種の絶滅は，直接に食料生産を低下

させたわけではなく，第11章でみたように，緑の革命により生産力は増大した．しかし，今後，さらに生物多様性の低下が継続すると，食料生産も含めてわれわれの生活に重大な影響が出ることが懸念されている．

1990年代からさまざまな操作実験によって，生態系を構成する生物種の数を増やすと生態系機能（ecosystem functioning）が増加することが明らかにされた（Hooper *et al*., 2005；Tilman *et al*., 2014）．とくに，草原を構成する草本種を1種から16種程度に操作する実験は北米とヨーロッパの多くの場所で行われ，一次生産や土壌炭素隔離，土壌からの栄養塩の溶脱抑制などの生態系機能が，種数の増加によって向上することが実証された．さらに，より長い期間野外試験を継続することで，多様性の効果が鮮明になり，かつ温度や降水量の年変動に対して生態系が全体として安定する傾向があることがわかってきた．したがって，生態系を構成する種数が多いほど，MAで提唱された生態系サービスも向上すると考えられるようになった（Cardinale *et al*., 2012）．

国連はミレニアム開発目標を発展させて，持続可能な開発目標（Sustainable Development Goals：SDGs）を提唱し，環境と人間社会のあり方について包括的な取り組みを国際社会に求めている．SDGsでは，食の安全，人の健康，水の確保，気候変動，土地の修復，そして生物多様性に関して土壌学の貢献が求められている（Keesstra *et al*., 2016）．

12.6　土壌の健康と地球環境保全

地球環境保全のために土壌を保全することの重要性は徐々に理解されてきたが，大気や水と違って土壌汚染は，汚染による異常が人目につきにくい．また，大気や水の場合は汚染物質の拡散が速いために，汚染源から汚染物質の放出を停止すると濃度が低下していくが，土壌の場合，その場からの物質の移動が少ないため，長期に汚染が継続する．農業は，われわれの食料のほとんどを生産しているが，緑の革命と呼ばれる農業の近代化過程では，機械による頻繁な耕起や灌漑，化学肥料と農薬の多用，そして作付け品種の単純化が進行した（Tilman *et al*., 2002）．生産効率の向上と生産規模の拡大は，単純な農生態系が広い範囲にわたって続く景観を作り出した．このような農地では，作物以外に棲息する生物の多様性が低く，たとえば，受粉昆虫に代表される生態系サービスが大きく低下した

12.6 土壌の健康と地球環境保全 173

(Letourneau and Bothwell, 2008). 農地をとりまく景観が森林や草地のような異なる要素から構成されるモザイク構造は、受粉昆虫や脊椎動物のように多様なハビタットを必要とする動物の保全に必要であり、日本の里山のように長い間の自然資源利用を継続してきた景観の価値が再認識されている. 一方、農地内、とくに農地土壌の生物多様性に関する理解はまだ少ない. 生産を優先させる以上、農地の生物多様性を高めたり維持したりすることはなかなかできないだろう. そのため、農地の生物多様性の保全といっても、実際には農地外の生物やその生物によってもたらされる生態系サービスしか考慮されてこなかった.

　ヨーロッパでは詳細な土地利用と土壌の理化学性をデータベース化し、自然資本としての土壌の状況を把握しようとしている. たとえば、集約的な農業による土地管理は、土壌侵食を促進し、大きな経済的損失につながっている. これまで、土壌の質や土壌の健康についてはさまざまな研究や提案が行われてきた（Doran and Zeiss, 2000；Rousseau *et al.*, 2013）. 土壌の健康とは、植物が障害なく生育することであり、健康な土壌では、炭素循環、栄養塩循環、土壌構造の維持、そして病害虫の制御が支障なく実現している（Kibblewhite *et al.*, 2008）. 土壌の質の指標は、①土地管理や環境変化に対する感度が高く、②有益な土壌の機能との相関が高く、③生態系プロセスの説明が可能で、④土地を管理する人にとって使いやすく、⑤測定が容易であるという条件を満たす必要がある（Doran and Zeiss, 2000）. そのため、第11章でみたように、土壌生物が指標として高く評価されてきた. 残念ながら、土壌生物の調査は測定が容易とはいいがたいが、微生物に関しては遺伝子解析の飛躍的な進歩により状況が変わってきた. 土壌の質や健康度の高い土地は、農業生産の価値付けに役立つ. すなわち、質の高い土壌で生産された農産物は市場でより高く評価されるだろう.

　近年、第11章でみたように土壌のさまざまな機能の評価が進んでいる. たとえば、ヨーロッパの4カ国で行われたメタ解析による土壌生物多様性の比較調査では、農法を反映して土壌生物相が変化しており、それと同時に土壌における炭素や窒素の動態は、土壌生物相によって説明が可能であった（de Vries *et al.*, 2013）. このことは、農地における生態系サービスを評価するために炭素や窒素の動態モデルを考える際に、気候条件や土壌の理化学性だけでなく、土壌生物を組み込む必要があることを示している.

　2016年に発行された地球規模土壌生物多様性アトラス(Global Soil Biodiversity

Atlas；GSBA；Orgiazzi et al., 2016）では，全球規模でデータが入手可能な植物の多様性喪失速度，窒素肥料使用量，農地利用面積割合，家畜密度，火災リスク，土壌侵食，土地劣化，そして気候変動の予測を地図上で組み合わせて，土壌生物多様性の危機マップを作成した（図12.8）．これは，実際に土壌生物の多様性変化を現地で計測してとりまとめ，地図にして評価したものではないが，図中の1〜8のそれぞれの項目を総合することで，土壌生物の多様性が失われる可能性の高さを推測して地図化したものである．これをみると，人口の多いヨーロッパ，北米，東アジア，インドなどで危機の度合いが高いことがわかる．これらの地域では古くから農業が行われ，やがて人口が増え，現代になって土地利用が農地から都市化へと向かった．その過程で，農業の集約化だけでなく，土地が建物や道路で被覆される割合の増加や圧密，汚染の増加が進行してきた．これらはすべて土壌生物の多様性低下へとつながっている．

地球環境と土壌動物

1 植物の多様性喪失地図
2 窒素肥料マップ
3 農地利用面積割合
4 家畜密度
5 火災リスクマップ
6 土壌侵食
7 土地劣化
8 気候変動

→ 地図化

Global Soil Biodiversity Atlas, 2016

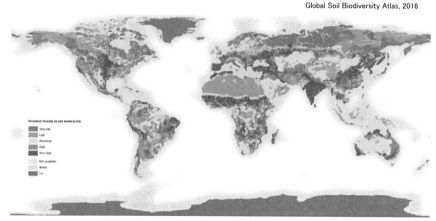

図12.8 地球規模の土壌生物の危機マップ（Orgiazzi et al., 2016）
カラー版は https://esdac.jrc.ec.europa.eu/content/global-soil-biodiversity-atlas より．

12.6 土壌の健康と地球環境保全

　今後，土地利用の失敗によって荒廃した場所の土壌を修復したり，従来の農地の生態系機能を高めたりするには，生態学的な土壌管理が必要である．土壌は母材，気候，時間，地形，そして生物といったさまざまな要因の相互作用の結果生成されたものであるが，人間による土地管理の変化は生物への影響，とくに土壌生物の多様性の変化を通して土壌を大きく改変している．土壌生成にかかわるさまざまな要因のうち，生物以外の要因は人間が短期間に制御できるものではない．したがって，人間による土地管理の影響を敏感に受ける土壌生物の多様性を指標として土地管理を行い，劣化した土壌を修復することが，今後の持続可能な土地利用にとって，現実的で最も重要な課題である．　　　　　　　　　　　**金子信博**

引 用 文 献

　本書引用文献・参考文献の書誌情報は，朝倉書店ウェブサイト（https://www.asakura.co.jp/）よりダウンロードできます．検索の際にご活用ください．

第1章
青木淳一：土壌動物学，北隆館，1973（新訂版，2010）．

金子信博：土壌生態学入門―土壌動物の多様性と機能―，東海大学出版会，2007．

金子信博：土壌動物の多様性と機能．地球環境学事典（総合地球環境学研究所編）．弘文堂，pp.146-147，2010．

金子信博：土に棲む動物．土の百科事典（土の百科事典編集委員会編）．丸善出版，pp.30-33，2014．

金子信博・伊藤雅道：土壌動物の生物多様性と生態系機能．日本生態学会誌，**54**，201-207，2004．

Cebrian, J.：Patterns in the fate of production in plant communities. *Am. Nat.,* **154**, 449-468, 1999.

Darwin, C.：*The Formation of Vegetable Mould Through the Action of Worms with Observations of Their Habits*, John Murray, 1881.

Fierer, N. and R.B. Jackson：The diversity and biogeography of soil bacterial communities. *PNAS,* **103**, 626-631, 2006.

Jones, C.G. *et al.*：Organisms as ecosystem engineers. *Oikos,* **69**, 373-386, 1994.

Kawaguchi, T. *et al.*：Mineral nitrogen dynamics in the casts of epigeic earthworms（*Metaphire hilgendorfi*：Megascolecidae）. *Soil Sci. Plant Nutr.,* **57**, 387-395, 2011. doi：10.1080/00380768.2011.579879

Petersen, H. and M. Luxton：A comparative analysis of soil fauna populations and role in decomposition process. *Oikos,* **39**, 287-388, 1982.

Ramirez, K.S. *et al.*：Biogeographic patterns in below-ground diversity in New York City's Central Park are similar to those observed globally. *Proc. R. Soc. B,* **281**, 20141988, 2014.

Swift, M.J. *et al.*：*Decomposition in Terrestrial Ecosystems*, Blackwell, Oxford University Press, 1979.

第2章
青木義幸：森林土壌のシリカサイクルにおける有殻アメーバの役割．土と微生物，**61**，61-64，2007．

石栗　秀：MPN法．新編土壌微生物実験法（土壌微生物研究会編），養賢堂，pp.45-52，1992．

井上　勲：藻類30億年の自然史―藻類からみる生物進化・地球・環境― 第2版，東海大学出版会，2007．

島野智之：根圏の原生動物．根の研究，**11**，107-117，2002．

島野智之：根圏における原生生物の役割―土壌原生生物とバクテリアおよび植物根との関連について―．土と微生物（Soil Microorganisms），**61**，41-48，2007．

島野智之：畑土壌における原生生物および繊毛虫群集の新たな解析法―顕微鏡的手法と分子生物学的手法

引 用 文 献

一. 土壌の原生生物・線虫群集—その土壌生態系での役割—（日本土壌肥料学会編），博友社，pp.69-89，2009.

島野智之：界，ドメイン，そしてスーパーグループ—真核生物の高次分類に関する新しい概念—. タクサ（日本動物分類学会誌），**29**，31-49，2010.

島野智之：真核生物の高次分類体系の改訂. タクサ（日本動物分類学会誌），**43**，62-67，2017.

高橋忠夫他：家畜スラリーを投与した畑における繊毛虫の種組成と個体数およびバイオマスについて（講演要旨）. 日本原生動物学会誌，**39**，117-118，2006.

中野伸一：湖沼・海洋沖帯の微生物ループにおける原生生物の生態学的役割. 原生動物学雑誌，**48**(1, 2)，21-30，2015.

Adl, S. M.：Motility and migration rate of protozoa in soil columns. *Soil Biol. Biochem.*, **39**(2)，700-703，2007.

Adl, S. M. and V. V. S. R. Gupta：Protists in soil ecology and forest nutrient cycling. *Can. J. Forest Res.*, **36**(7)，1805-1817, 2006. doi：10.1139/x06-056

Adl, S. M. *et al.*：The new higher level classification of eukaryotes with emphasis on the taxonomy of protists. *J. Eukaryot. Microbiol.*, **52**, 399-451, 2005.

Adl, S. M. *et al.*：Protozoa. In：*Soil Sampling and Methods of Analysis* 2nd ed.（Carter, M. ed.），Canadian Soil Science Society, CRC Press, 2007.

Adl, S. M. *et al.*：The revised classification of eukaryotes. *J. Eukaryot. Microbiol.*, **59**(5)，429-493, 2012. doi：10.1111/j.1550-7408.2012.00644.x

Adl, S. M. *et al.*：Review：Amplification primers of SSU rDNA for soil protists. *Soil Biol. Biochem.*, **69**，328-342, 2014.

Aoki, Y. *et al.*：Silica and testate amoebae in a soil under pine-oak forest. *Geoderma*, **142**(1-2)，29-35，2007.

Bonkowski, M. and F. Brandt：Do soil protozoa enhance plant growth by hormonal effects? *Soil Biol. Biochem.*, **34**, 1709-1715, 2002.

Bonkowski, M. and M. Schaefer：Trophische interaktionen von regenwürmern und protozoen. *Verh. Ges. Ökologie*, **26**, 283-286, 1996.

Bonkowski, M. *et al.*：Substrate heterogeneity and microfauna in soil organic hotspots as determinants of nitrogen capture and growth of rye-grass. *Appl. Soil Ecol.*, **14**, 37-53, 2000.

Cavalier-Smith, T.：A revised six-kingdom system of life. *Biol. Rev. Camb. Philos. Soc.*, **73**, 203-266, 1998.

Cavalier-Smith, T.：The phagotrophic origin of eukaryotes and phylogenetic classification of protozoa. *Int. J. Sys. Evol. Microbiol.*, **52**, 297-354, 2002.

Clarholm, M.：Interactions of bacteria, protozoa and plants leading to mineralization of soil nitrogen. *Soil Biol. Biochem.*, **17**, 181-187, 1985.

Clarholm, M.：The microbial loop in soil. In：*Beyond the Biomass*（Riz, K. *et al.* eds.），pp.221-230, Wiley-Sayce, 1994.

Coleman, D. C. *et al.*：*Fundamentals of Soil Ecology* 2nd edition, Academic Press, 2004.

Darbyshire, J. F.：Nitrogen fixation by *Azotobacter chroococcum* in the presence of *Colpoda steini*. I—

引　用　文　献　　　*179*

The influence of temperature—. *Soil Biol. Biochem.*, **4**, 359–369, 1972.

Fenchel, T. : Ecological physiology : Feeding. In : *Ecology of Protozoa—The Biology of Free-living Phagotrophic Protist*—, pp.32–52, Science Tech Publishers Madison, 1980.

Foissner, W. : Soil protozoa : Fundamental problems, ecological significance, adaptations in ciliates and tetaceans, bioindicators, and guide to the literature. *Progr. Protistol.*, **2**, 69–212, 1987.

Foissner, W. : Soil protozoa as bioindicators : Pros and cons, methods, diversity, representative examples. *Agric., Ecosyst. Environ.*, **74** : 95–112, 1999.

Geisen, S. *et al.* : Soil protistology rebooted : 30 fundamental questions to start with. *Soil Biol. Biochem.*, **111**, 94–103, 2017.

Griffiths, B. S. : Enhanced nitrification in the presence of bacteriophagous protozoa. *Soil Biol. Biochem.*, **21**, 1045–1051, 1989.

Griffiths, B. S. : Soil nutrient flow. In : *Soil Protozoa* (Darbyshire J. F. ed.), pp.65–91, CABI, 1994.

Griffiths, B. S. *et al.* : The effect of nitrate-nitrogen supply on bacteria and bacterial-feeding fauna in the rhizosphere of different grass species. *Oecologia*, **91**, 253–259, 1992.

Hattori, T. : Soil aggregates are microhabitats of microorganisms. *Rep. Inst. Agric. Res. Tohoku Univ.*, **37**, 23–36, 1988.

Hattori, T. : Distribution and movement of protozoa within and among soil aggregates. *Bull. Jpn. Soc. Microb. Ecol.*, **7**, 69–74, 1992.

Hattori, T. : Soil microenvironment. In : *Soil Protozoa* (Darbyshire J. F. ed.), pp.43–64. CABI, 1994.

Jassey, E. *et al.* : Characterization of the feeding habit of the testate amoebae *Hyalosphenia papilio* and *Nebela tincta* along a narrow fen-bog gradient using digestive vacuole content and ^{13}C and ^{15}N isotopic analyses. *Protist*, **163**, 451–464, 2012.

Kuikman, P. J. and J. A. van Veen : The impact of protozoa on the availability of bacterial nitrogen to plants. *Biol. Fertil. Soils*, **8**, 13–18, 1989.

Lebuhn, M. *et al.* : Effects of drying/rewetting stress on microbial auxin production and L-tryptophan catabolism in soils. *Biol. Fertil. Soils*, **18**, 302–310, 1994.

Mahé, F. *et al.* : Parasites dominate hyper diverse soil protist communities in neotropical rainforests. *Nat. Ecol. Evol.*, **1**, 0091, 2017.

Murase, J. and P. Frenzel : A methane-driven microbial food web in a wetland rice soil. *Environ. Microbiol.*, **9**(12), 3025–3034, 2007.

Pawlowski, J. *et al.* : CBOL Protist Working Group : Barcoding eukaryotic richness beyond the animal, plant and fungal kingdoms. *PLoS Biology*, **10**(11), e1001419, 2012. doi : 10.1371/journal.pbio.1001419.

Rønn, R. *et al.* : Optimizing soil extract and broth media for MPN-enumeration of naked amoebae and heterotrophic flagellates in soil. *Pedobiologia*, **39**, 10–19, 1995.

Ruggiero, M. A. *et al.* : A higher level classification of all living organisms. *PLoS ONE*, **10**, e0119248, 2015.

Shimano, S. *et al.* : . Linkage between light microscopic observations and molecular analysis by single-cell PCR for ciliates. *Microb. Environ.*, **23**, 356–359, 2008.

180 　　　　　　　　　　　　　引 用 文 献

Vargas, R. and T. Hattori : The distribution of protozoa among soil aggregates. *FEMS Microbiol. Lett.*, **74**(1), 73-77, 1990.

Verhagen, F. J. M. *et al.* : Effects of grazing by flagellates on competition for ammonium between nitrifying and heterotrophic bacteria in soil columns. *Appl. Environ. Microbiol.*, **59**, 2099-2106, 1993.

Woese, C. R. *et al.* : Towards a natural system of organisms : Proposal for the domains Archaea, Bacteria, and Eucarya. *PNAS*, **87**, 4576-4579, 1990.

第 3 章

石橋信義：有用線虫の探索とその大量生産ならびに施用法のシステム化．課題番号 02506001　平成 4 年度科学研究補助金　文部省試験研究 A（1）研究成果報告書．1993.

九州沖縄農業研究センター：有害線虫総合防除技術マニュアル，2013.

岡田浩明：土壌生態系における線虫の働き―特に無機態窒素の動態への関わり―．根の研究，**11**，3-6，2002.

岡田浩明：糸状菌食性線虫の生態及び植物病害抑制への利用．東北農業研究センター研究報告，**105**，155-197，2006.

水久保隆之：日本の線虫防除研究と防除技術の動向―日本線虫学会 20 周年記念事業：線虫防除に関するアンケート（1999〜2011 年度）の集計―．*Nematological Research*（日本線虫学会誌），**45**，63-76，2015.

Bever, J. D. : Feedback between plants and their soil communities in an old field community. *Ecology*, **75**, 1965-1977, 1994.

De Deyn, G. B. *et al.* : Soil invertebrate fauna enhances grassland succession and diversity. *Nature*, **422**, 711-713, 2003.

Djigal, D. *et al.* : Shifts in size, genetic structure and activity of the soil denitrifier community by nematode grazing. *Eur. J. Soil Biol.*, **46**, 112-118, 2010.

Ferris, H. *et al.* : Population energetics of bacterial-feeding nematodes : Carbon and nitrogen budgets. *Soil Biol. Biochem.*, **29**, 1183-1194. 1997.

van der Heijden, M. G. A. *et al.* : Mycorrhizal fungal diversity determines plant biodiversity, ecosystem variability and productivity. *Nature*, **396**, 69-72, 1998.

Huixin, L. *et al.* : Effects of temperature on population growth and N mineralization of soil bacteria and bacterial-feeding nematode. *Microb. Environ.*, **16**, 141-146, 2001.

Irshad, U. *et al.* : Grazing by nematodes on rhizosphere bacteria enhances nitrate and phosphorus availability to *Pinus pinaster* seedlings. *Soil Biol. Biochem.*, **43**, 2121-2126, 2011.

Khan, Z. and Y. H. Kim : The predatory nematode, *Mononchoides fortidens* (Nematoda : Diplogasterida), suppresses the root-knot nematode, *Meloidogyne arenaria*, in potted field soil. *Biol. Control*, **35**, 78-82, 2005.

Knox, O. G. G. *et al.* : Effect of nematodes on rhizosphere colonization by seed-applied bacteria. *Appl. Environ. Microbiol.*, **70**, 4666-4671, 2004.

Mamiya, Y. *et al.* : Ability of wood-decay fungi to prey on the pinewood nematode, *Bursaphelenchus xylophilus* (Steiner and Buhrer) Nickle. *Jpn. J. Nematol.* (日本線虫学会誌), **35**, 21-30, 2005.

引　用　文　献　　　　*181*

Mao, X. *et al.*：Do bacterial-feeding nematodes stimulate root proliferation through hormonal effects? *Soil Biol. Biochem.,* **39**, 1816-1819, 2007.

Miura, F. *et al.*：Dynamics of soil biota at different depths under two contrasting tillage practices. *Soil Biol. Biochem.,* **40**, 406-414, 2008.

Oka, Y.：Mechanisms of nematode suppression by organic soil amendments―A review―. *Appl. Soil Ecol.,* **44**, 101-115, 2010.

Okada, H. and H. Ferris：Effect of temperature on growth and nitrogen mineralization of fungi and fungal-feeding nematodes. *Plant Soil,* **234**, 253-262, 2001.

Okada, H. and H. Harada：Effects of tillage and fertilizer on nematode communities in a Japanese soybean field. *Appl. Soil Ecol.,* **35**, 582-598, 2007.

Okada, H. and I. Kadota：Host status of 10 fungal isolates for two nematode species, *Filenchus misellus* and *Aphelenchus avenae. Soil Biol. Biochem.,* **35**, 1601-1607, 2003.

Okada, H. *et al.*：How different or similar are nematode communities between a paddy and an upland rice fields across a flooding-drainage cycle? *Soil Biol. Biochem.,* **43**, 2142-2151, 2011.

Okada, H. *et al.*：Nematode fauna of paddy field flooded all year round. *Nematological Research*（日本線虫学会誌), **46**, 65-70, 2016.

Olff, H. *et al.*：Small-scale shifting mosaics of two dominant grassland species：The possible role of soil-borne pathogens. *Oecologia,* **125**. 45-54, 2000.

Sánchez-Moreno, S. and H. Ferris：Suppressive service of the soil food web：Effects of environmental management. *Agric., Ecosyst. Environ.,* **119**, 75-87, 2007.

Siddiqi, M. R.：*Tylenchida Parasites of Plants and Insects*, CABI Publishing, 2000.

Stirling, G. R.：*Biological Control of Plant-parasitic Nematodes：Soil Ecosystem Management in Sustainable Agriculture*, CABI, 2014.

Timper, P. *et al.*：Resiliency of a nematode community and suppressive service to tillage and nematicide application. *Appl. Soil Ecol.,* **59**, 48-59, 2012.

Treonis, A. M. *et al.*：Identification and localization of food-source microbial nucleic acids inside soil nematodes. *Soil Biol. Biochem.,* **42**, 2005-2011, 2010.

第 4 章

青木淳一：日本産土壌動物―分類のための図解検索 第 2 版―，東海大学出版部，2015.

青木淳一：土壌動物学―未知な分野の開拓―. *Edaphologia,* **100**, 3-6, 2017.

新島渓子・有村利浩：ヤンバルトサカヤスデによる列車妨害記録. *Edaphologia,* **69**, 47-49, 2002.

日本分類学会連合：第 1 回日本産生物種数調査，2003. http://ujssb.org/biospnum/search.php

布村　昇：土壌動物の外来種. 土壌動物学への招待―採集からデータ解析まで―（日本土壌動物学会編），東海大学出版会，pp.223-224, 2007.

宮下和喜：小笠原の帰化動物. 小笠原研究年報，**4**, 47-54, 1980.

Anderson, J. M.：Inter- and Intra-habitat relationships between woodland Cryptostigmata species diversity and the diversity of soil and litter microhabitats. *Oecologia,* **32**, 341-348, 1978.

182   引 用 文 献

Aoki, J. : Microhabitats of oribatid mites on a forest floor. *Bul. Nat. Sci. Mus. Tokyo*, **10**, 133-138, 1967.

Burke, J. L. *et al.* : Invasion by exotic earthworms alters biodiversity and communities of litter- and soil-dwelling oribatid mites. *Diversity*, **3**, 155-175, 2011.

Dadashipoura, M. *et al.* : Discovery and molecular and biocatalytic properties of hydroxynitrile lyase from an invasive millipede, *Chamberlinius hualienensis. PNAS*, **112**, 10605-10610, 2015.

De Deyn, G. B. and W. H. Van der Putten : Linking aboveground and belowground diversity. *Trends Ecol. Evol.*, **20**, 625-633, 2005.

Decaëns, T. : Macroecological patterns in soil communities. *Glob. Ecol. Biogeogr.*, **19**, 287-302, 2010.

Harvey, M. S. : Pseudoscorpions of the World, version 2.0. Western Australian Museum, Perth, 2011. http://www.museum.wa.gov.au/catalogues/pseudoscorpions

Hickling R. *et al.* : The distributions of a wide range of taxonomic groups are expanding polewards. *Glob. Change Biol.*, **12**, 450-455, 2006.

Ikeda, H. *et al.* : Loss of flight promotes beetle diversification. *Nat. Commun.*, **3**, 648, 2012.

Kaneko, N. : Feeding habitats and cheliceral size of oribatid mites in cool temperate forest soils in Japan. *Rev. Ecol. Biol. Sol*, **25**, 353-363, 1988.

Kaneko, N. *et al.* : Species assemblage and biogeography of Japanese *Protura* (Hexapoda) in forest soils. *Diversity*, **4**, 318-333, 2012.

Karasawa, S. and M. Honda : Taxonomic study of the *Burmoniscus ocellatus* complex (Crustacea, Isopoda, Oniscidea) in Japan shows genetic diversification in the southern Ryukyus, southwestern Japan. *Zool. Sci.*, **29**, 527-537, 2012.

Karasawa, S. *et al.* : Phylogeographic study of whip scorpions (Chelicerata : Arachnida : Thelyphonida) in Japan and Taiwan. *Zool. Sci.*, **32**, 352-363, 2015.

Maraun, M. *et al.* : Awesome or ordinary? Grobal diversity patterns of oribatid mites. *Ecography*, **30**, 209-216, 2007.

Matsumoto, Y. *et al.* : Feeding habitats of the marine toad, *Bufo marinus*, in the Bonin Islands, Japan. *Jpn. J. Ecol.*, **34**, 289-297, 1984.

Moreau, J. *et al.* : Sexual selection in an isopod with *Wolbachia*-induced sex reversal : Males prefer real females. *J. Evol. Biol.*, **14**, 388-394, 2001.

Norton, R. A. *et al.* : Phylogenetic perspective on genetic systems and reproductive modes of mites. In : *Evolution and Diversity of Sex Ratio in Insects and Mites* (Wrensch, D. L. and M. A. Ebbert eds.), Chapman and Hall, pp.8-99, 1993.

Parker, E. D. : Geographic parthenogenesis in terrestrial invertebrates : General or specialist clones? In : *Reproductive Biology of Invertebrates* (Hughes, R. N. ed), John Wiley & Sons, Ltd., pp.93-114, 2002.

Petersen, H. : Population dynamic and metabolic characterization of Collembola species in a beech forest ecosystem. In : *Soil Biology as Related to Land Use Practices* (Dindal, D. L. ed.), Office of Pesticide and Toxic Substance, pp.806-833, 1980.

Pike, N. and R. Kingcombe : Antibiotic treatment leads to the elimination of *Wolbachia* endosymbionts and sterility in the diplodiploid collembolan *Folsomia candida. BMC Biol.*, **7**, 54, 2009.

引 用 文 献　　　*183*

Saitoh, S. *et al.*：A quantitative protocol for DNA metabarcoding of springtails（Collembola）. *Genome*, **59**, 705-723, 2016.

Ulricha, W. and C. Fierab：Environmental correlates of species richness of European springtails（Hexapoda：Collembola）. *Acta Oecol.*, **35**, 45-52, 2009.

White, M. J. D.：Chromosomal mechanisms in animal reproduction. *Boll. zool.*, **51**, 1-23, 1984.

Wilson, E. O.：The nature of the taxon cycle in the Melanesian ant fauna. *Am. Nat.*, **95**, 169-193, 1961.

≫ 第 5 章

石塚小太郎：日本産フトミミズ属（Genus *Pheretima s. lat.*）の分類学的研究. 成蹊大学一般研究報告, **33**(3), 1-125, 2001.

内田智子・金子信博：神奈川県内の 2 ヶ所の林地におけるフトミミズ類の生活史. *Edaphologia*, **74**, 35-45, 2004.

金子信博：土壌生態学入門—土壌動物の多様性と機能—, 東海大学出版会, 2007.

金子信博：土壌動物は土壌微生物の機能をどのように引き出すか？ 土と微生物, **69**, 87-92, 2015.

上平幸好：東北地方における陸棲貧毛類の分布に関する考察. 函館短期大学紀要, **30**, 23-32, 2004.

小林新二郎：四国, 中国, 近畿及中部諸地方の陸棲貧毛類に就て. 動物学雑誌, **53**, 258-266, 1941a.

小林新二郎：九州地方陸棲貧毛動物相の概況. 植物及動物, **9**, 511-518, 1941b.

中村好男：地球環境時代における日本の土 土壌動物と作物根の土壌環境 ミミズの活用. 農業および園芸, **73**(1), 165-170, 1998.

南谷幸雄：フトミミズ類の属分類を巡る分類学的混乱. ミミズ情報通信, **41**, 18-21, 2015.

山口英二：貧毛類. 動物系統分類学 第 6 巻（体節動物, 環形動物, 有爪動物, 緩歩動物, 舌形動物）, 中山書店, pp.130-193, 1967.

Barois, I. and P. Lavelle：Changes in respiration rate and some physicochemical properties of a tropical soil during transit through *Pontoscolex corethrurus*（Glossoscolecidae, Oligochaeta）. *Soil Biol. Biochem.*, **18**, 539-541, 1986.

Blakemore, R. J.：Japanese earthworms revisited a decade on. *Zoology in the Middle East*, **58**(suppl 4), 15-22, 2012.

Blanchart, E. *et al.*：Effects of earthworms on soil structure and physical properties. In：*Earthworm Management in Tropical Agroecosystems*（Lavelle, P. *et al.* eds.）. CABI, pp.149-172, 1999.

Bottinelli, N. *et al.*：Earthworms accelerate soil porosity turnover under watering conditions. *Geoderma*, **156**, 43-47, 2010.

Bouché, M. B.：The establishment of earthworm communities. In：*Earthworm Ecology, From Darwin to Vermiculture*（Satchell, J. E. ed.）, Chapman and Hall, pp.431-448, 1983.

Briones, M. J. I. and O. Schmidt：Conventional tillage decreases the abundance and biomass of earthworms and alters their community structure in a global meta-analysis. *Glob. Change Biol.*, **23**(10), 4396-4419, 2017. doi：10.1111/gcb.13744

Brown, G. G.：How do earthworms affect microfloral and faunal community diversity? In：*The Significance and Regulation of Soil Biodiversity*（Collins, H. P. *et al.* eds.）, Kluwer Academic Publishers, pp.

184 引 用 文 献

227-269, 1995.

Curry, J. P. and O. Schmidt : The feeding ecology of earthworms—A review—. *Pedobiologia*, **50**, 463-477, 2007.

Drake, H. L. and M. A. Horn : As the worm turns : The earthworm gut as a transient habitat for soil microbial biomes. *Annu. Rev. Microbiol.*, **61**, 169-189, 2007.

van Groenigen, J. W. *et al.* : Earthworms increase plant production : A meta-analysis. *Sci. Rep.*, **4**, 6365, 2014. doi : 10.1038/srep06365

Guzyte, G. *et al.* : Effects of salinity on earthworm (*Eisenia fetida*). Environmental Engineering. The 8th International Conference May 19-20, 2011, Vilnius, Lithuania Selected Paper, pp.111-114, 2011.

Hamilton, W. E. and D. Y. Sillman : Influence of earthworm middens on the distribution of soil microarthropods. *Biol. Fertil. Soils*, **8**, 279-284, 1989.

Ishizuka, K. : A review of the genus *Pheretima s. lat.* (Megascolecidae) from Japan. *Edaphologia*, **62**, 55-80, 1999.

Ivask, M. *et al.* : Effect of flooding by fresh and brackish water on earthworm communities along Matsalu Bay and the Kasari River. *Eur. J. Soil Biol.*, **53**, 11-15, 2012.

Iwashima, N. *et al.* : Effect of vegetation switch on soil chemical properties. *Soil Sci. Plant Nutr.*, **58**, 783-792, 2012. doi : 10.1080/00380768.2012.738183

Kavdir, Y. and R. Ilay : Earthworms and soil structure. In : *Biology of Earthworms* (Karaca, A. ed.), Springer-Verlag, pp.39-50, 2011.

Kawaguchi, T. *et al.* : Mineral nitrogen dynamics in the casts of epigeic earthworms (Metaphire hilgendorfi : Megascolecidae). *Soil Sci. Plant Nutr.*, **57**, 387-395, 2011. doi : 10.1080/00380768.2011.579879

Langmaack, M. *et al.* : Quantitative analysis of earthworm burrow systems with respect to biological soil-structure regeneration after soil compaction. *Biol. Fertil. Soils*, **28**, 219-229, 1999.

Lavelle, P. : The structure of earthworm communities. In : *Earthworm Ecology, From Darwin to Vermiculture* (Satchell, J. E. ed.), Chapman and Hall, pp.449-466, 1983.

Lavelle, P. and A. V. Spain : *Soil Ecology*, Kluwer Academic Publishers, 2001.

Lubbers, I. M. *et al.* : Can earthworms simultaneously enhance decomposition and stabilization of plant residue carbon? *Soil Biol. Biochem.*, **105**, 12-24, 2017. doi : 10.1016/j.soilbio.2016.11.008

Michaelsen, W. : Die Verbreitung der Oligochäten im Lichte der Wegenerischen Theorie der Kontinenten-Verschiebung und andere Fragen zur Stammesgeschichte und Verbreitung dieser Tiergruppe. *Verh. Vereins Naturwiss. Unterhal. Hamburg*, **29**, 45-79, 1921.

Nozaki, M. *et al.* : The contribution of endogenous cellulase to the cellulose digestion in the gut of earthworm (*Pheretima hilgendorfi* : Megascolecidae). *Soil Biol. Biochem.*, **41**, 762-769, 2009.

Omodeo, P. : Evolution and biogeography of megadriles (Annelida, Clitellata). *Ital. J. Zool.*, **67**, 179-201, 2000.

Paoletti, M. G. : The role of earthworms for assessment of sustainability and bioindicators. *Agric., Ecosyst. Environ.*, **74**, 137-155, 1999.

Ponge, J. F. : Plant-soil feedbacks mediated by humus forms : A review. *Soil Biol. Biochem.*, **57**, 1048-

1060, 2013.

Reynolds, J. W. : Earthworms of the world. *Glob. Biodivers.*, **4**, 11-16, 1994.

Rousset, V. *et al.* : A molecular phylogeny of annelids. *Cladistics*, **22**, 1-23, 2006.

Scheu, S. : Mucus excretion and carbon turnover of endogeic earthworms. *Biol. Fertil. Soils*, **12**, 217-220, 1991.

Sims, R. W. and E. G. Easton : A numerical revision of the earthworm genus *Pheretima* auct. (Megascolecidae : Oligochaeta) with the recognition of new genera and an appendix on the earthworms collected by the Royal Society North Borneo Expedition. *Biol. J. Linn. Soc.*, **4**, 169-268, 1972.

Toyota, A. *et al.* : Effects of vegetation switch and subsequent change in soil invertebrate composition on soil carbon accumulation patterns, revealed by radiocarbon concentrations. *Radiocarbon*, **52**, 1471-1486.

Trigo, D. *et al.* : Mutualism between earthworms and soil microflora. *Pedobiologia*, **43**, 866-873, 1999.

Uchida, T. *et al.* : Analysis of the feeding ecology of earthworms (Megascolecidae) in Japanese forests using gut content fractionation and δ^{15}N and δ^{13}C stable isotope natural abundances. *Appl. Soil Ecol.*, **27**, 153-163, 2004.

Watanabe, H. : On the amount of cast production by the Megascolecid earthworm *Pheretima hupeiensis*. *Pedobiologia*, **15**, 20-28, 1975.

≡ 第6章

柿島　真・徳増征二編：菌類の生物学―分類・系統・生態・環境・利用―，共立出版，2014.

金子信博：土壌生態学入門―土壌動物の多様性と機能―，東海大学出版会，2007.

金子信博：土壌動物は土壌微生物の機能をどのように引き出すか？　土と微生物，**69**，87-92，2015.

津田　格：キノコに棲息する線虫．森林微生物生態学（二井一禎・肘井直樹編著），pp.91-101，朝倉書店，2000.

中森泰三：菌食性トビムシの餌選択と菌類の防御．日本菌学会会報，**50**，71-78，2009.

Bleuler-Martínez, S. *et al.* : lectin-mediated resistance of higher fungi against predators and parasites. *Mol. Ecol.*, **20**(14), 3056-3070, 2011.

Bonkowski, M. *et al.* : Food preferences of earthworms for soil fungi. *Pedobiologia*, **44**(6), 666-676, 2000.

Boos, S. *et al.* : Maternal care provides antifungal protection to eggs in the European earwig. *Behav. Ecol.*, **25**(4), 754-761, 2014.

Brown, G. : How do earthworms affect microfloral and faunal community diversity? *Plant Soil*, **170**, 209-231, 1995.

Crowther, T. W. *et al.* : Outcomes of fungal interactions are determined by soil invertebrate grazers. *Ecol. Lett.*, **14**, 1134-1142, 2011.

Crowther, T. W. *et al.* : Functional and ecological consequences of saprotrophic fungus–grazer interactions. *ISME J.*, **6**, 1992-2001, 2012.

Davidson, S. K. and D. A. Stahl : Selective recruitment of bacteria during embryogenesis of an earthworm. *ISME J.*, **2**, 510-518, 2008.

Degawa, Y. : Secondary spore formation in *Orchesellaria mauguioi* (Asellariales, Trichomycetes) and its taxonomic and ecological implications. *Mycoscience*, **50**, 247-252, 2009.

Dromph, K. M. : Dispersal of entomopathogenic fungi by collembolans. *Soil Biol. Biochem.*, **33**, 2047-2051, 2001.

Halbwachs, H. and C. Bässler : Gone with the wind—A review on basidiospores of lamellate agarics—. *Mycosphere*, **6**(1), 78-112, 2015.

Haubert, D. *et al.* : Effects of fungal food quality and starvation on the fatty acid composition of *Protaphorura fimata* (Collembola). *Comp. Biochem. Physiol. B*, **138**, 41-52, 2004.

Lilleskov, E. A. and T. D. Bruns : Spore dispersal of a resupinate ectomycorrhizal fungus, *Tomentella sublilacina*, via soil food webs. *Mycologia*, **97**, 762-769, 2005.

Maaß, S. : Functional role of microarthropods in soil aggregation. *Pedobiologia*, **58**, 59-63, 2015.

Maraun, M. *et al.* : Adding to 'the enigma of soil animal diversity' : Fungal feeders and saprotrophic soil invertebrates prefer similar food substrates. *Eur. J. Soil Biol.*, **39**, 85-95, 2003.

Morris, E. E. and A. E. Hajek : Eat or be eaten : Fungus and nematode switch off as predator and prey. *Fungal Ecol.*, **11**, 114-121, 2014.

Rohlfs, M. : Fungal secondary metabolite dynamics in fungus-grazer interactions : Novel insights and unanswered questions. *Front. Microbiol.*, **5**, 788, 2015.

Rohlfs, M. and A. C. L. Churchill : Fungal secondary metabolites as modulators of interactions with insects and other arthropods. *Fungal Genet. Biol.*, **48**, 23-34, 2011.

Saikawa, M. *et al.* : A light and electron microscope study on *Arthrobotrys entomopaga* capturing springtails. *Bull. Tokyo Gakugei Univ., Div. Nat. Sci.*, **62**, 55-62, 2010.

Scheu, S. and M. Folger : Single and mixed diets in Collembola : Effects on reproduction and stable isotope fractionation. *Funct. Ecol.*, **18**, 94-102, 2004.

Spiteller, P. : Chemical defence strategies of higher fungi. *Chemistry*, **14**, 9100-9110, 2008.

Tanganelli, V. *et al.* : Molecular phylogenetic analysis of a novel strain from Neelipleona enriches Wolbachia diversity in soil biota. *Pedobiologia*, **57**, 15-20, 2014.

Thakuria, D. *et al.* : Gut wall bacteria of earthworms : A natural selection process. *ISME J.*, **4**, 357-366, 2010.

Vegter, J. J. : Food and habitat specialization in coexisting springtails (Collembola, Entomobryidae). *Pedobiologia*, **25**, 253-262, 1983.

Visser, S. *et al.* : Fungi associated with *Onychiurus subtenuis* (Collembola) in an aspen woodland. *Can. J. Bot.*, **65**, 635-642, 1987.

第 7 章

金子信博：土壌生態学入門—土壌動物の多様性と機能—，東海大学出版会，2007.

金田 哲：土壌動物の操作実験．土壌動物学への招待（日本土壌動物学会編），pp.102-104，東海大学出版会，2007.

Anderson, J. M. *et al.* : Nitrogen and cation mobilization by soil fauna feding on leaf litter and soil or-

引 用 文 献　　187

ganic matter from deciduous woodlands. *Soil Biol. BIochem.*, **15**, 463-467, 1983.

Barois, I. *et al.* : Andosol-forming process linked with soil fauna under the perennial grass Mulhembergia macroura. *Geoderma*, **86**, 241-260, 1998.

Berg, M. *et al.* : Community food web, decomposition and nitrogen mineralisation in a stratified Scots pine forest soil. *Oikos*, **94**, 130-142, 2001.

Bokhorst, S. and D. A. Wardle. : Microclimate within litter bags of different mesh size : Implications for the 'arthropod effect' on litter decomposition. *Soil Biol. Biochem.*, **58**, 147-152, 2013.

Bradford, M. A. *et al.* : Microbiota, fauna, and mesh size interactions in litter decomposition. *Oikos*, **99**, 317-323, 2002a.

Bradford, M. A. *et al.* : Impacts of soil faunal community composition on model grassland ecosystems. *Science*, **298**, 615-618, 2002b.

Faber, J. H. and H. A. Verhoef : Functional differences between closely-related soil Arthropods with respect to decomposition processes in the presence or absence of Pine tree roots. *Soil Biol. Biochem.*, **23**, 15-23, 1991.

Frouz, J. *et al.* : Do soil fauna really hasten litter decomposition? A meta-analysis of enclosure studies. *Eur. J. Soil Biol.*, **68**, 18-24, 2015.

Handa, I. T. *et al.* : Consequences of biodiversity loss for litter decomposition across biomes. *Nature*, **509**, 218-221, 2014.

Hasegawa, M. *et al.* : Community structure of oribatid mites in relation to elevation and geology on the slope of Mount Kinabalu, Sabah, Malaysia. *Eur. J. Soil Biol.*, **42**(Supplement), 191-196, 2006.

Hector, A. *et al.* : Overyielding in grassland communities : Testing the sampling effect hypothesis with replicated biodiversity experiments. *Ecol. Lett.*, **5**, 502-511, 2002.

Heemsbergen, D. A. *et al.* : Biodiversity effects on soil processes explained by Interspecific Functional disimilarity. *Science*, **306**, 1019-1020, 2004.

Ito, M. *et al.* : Patterns of soil macrofauna in relation to elevation and geology on the slope of Mount Kinabalu, Sabah, Malaysia. *Sabah Parks Nat. J.*, **5**, 153-163, 2002.

Kampichler, C. and A. Bruckner. : The role of microarthropods in terrestrial decomposition : A meta-analysis of 40 years of litterbag studies. *Biol. Rev.*, **84**, 375-389, 2009.

Kitazawa, Y. ed. : *Ecosystem Analysis of the Subalpine Coniferous Forest of the Shigayama IBP area*, Central Japan. University of Tokyo Press, 1977.

Lavelle, P. : Faunal activities and soil processes : Adaptive strategies that determine ecosystem function. *Adv. Ecol. Res.*, **27**, 91-132, 1997.

Lavelle, P. and A. Martin : Small-scale and large-scale effects of endogeic earthworms on soil organic matter dynamics in soil and the humid tropics. *Soil Biol. Biochem.*, **24**, 1491-1498, 1992.

Lavelle, P. *et al.* : Mutualism and biodiversity in soils. *Plant Soil*, **170**, 20-33, 1995.

Lawton, J. H. : The ecotron facility at Silwood Park : The value of "Big Bottle" experiments. *Ecology*, **77**, 665-669, 1996.

Liiri, M. *et al.* : Relationship between soil microarthropod species diversity and plant growth does not

188   引 用 文 献

change when the system is disturbed. *Oikos*, **96**, 137-149, 2002.

Petersen, H. and M. Luxton. : A comparative analysis of soil fauna populations and their role in decomposition processes. *Oikos*, **39**, 288-388, 1982.

Schaefer, M. and J. Schauermann. : The soil fauna of beech forests : Comparison between a mull and a moder soil. *Pedobiologia*, **34**, 299-314, 1990.

Setälä, H. and V. Huhta : Evaluation of the soil fauna impact on decomposition in a simulated coniferous forest soil. *Biol. Fertil. Soils*, **10**, 163-169, 1990.

Tilman, D. *et al.* : Biodiversity and ecosystem properties. *Science*, **278**, 1866-1867, 1997.

Toyota, A. *et al.* : Soil ecosystem engineering by the train millipede *Parafontaria laminata* in a Japanese larch forest. *Soil Biol. Biochem.*, **38**, 1840-1850, 2006.

Verhoef, H. and L. Brussaard : Decomposition and nitrogen mineralization in natural and agro-ecosystems : The contribution of soil animals. *Biogeochemistry*, **11**, 175-211, 1990.

Visser, S. : *The Role of Soil Invertebrates in Determining the Composition of Soil Microbial Communities*, Blackwell Scientific Publications, 1985.

Wall, D. H. *et al.* : Global decomposition experiment shows soil animal impacts on decomposition are climate-dependent. *Glob. Change Biol.*, **14**, 2661-2677, 2008.

Witkamp, M. and D. A. Crossley Jr. : The role of arthropods and microflora in breakdown of white oak litter. *Pedobiologia*, **6**, 293-303, 1966.

Yamashita, T. and H. Takeda : Decomposition and nutrient dynamics of leaf litter in litter bags of two mesh sizes set in two dipterocarp forest sites in Penisular Malaysia. *Pedobiologia*, **42**, 11-21, 1998.

Zimmer, M. *et al.* : Do woodlice and earthworms interact synergistically in leaf litter decomposition? *Funct. Ecol.*, **19**, 7-16, 2005.

第 8 章

可知直毅：植物と植食者との相互作用系・植物側の論理.〈シリーズ地球共生系 5〉動物と植物の利用し合う関係（鷲谷いづみ・大串隆之編），平凡社，pp.254-263, 1993.

Brown, V. K. and A. C. Gange : Insect herbivory below ground. *Adv. in Ecol. Res.*, **20**, 1-58, 1990.

Brown, V. K. and A. C. Gange : Secondary plant succession : How is it modified by insect herbivory? *Vegetatio*, **101**, 3-13, 1992.

Cahill Jr., J. F. and G. G. McNickle : The behavioral ecology of nutrient foraging by plants. *Annu. Rev. Ecol. Evol. Syst.*, **42**, 289-311, 2011.

van Dam, N. M. : Belowground herbivory and plant defenses. *Annu. Rev. Ecol., Evol. Syst.*, **40**, 373-391, 2009.

De Deyn, G. B. *et al.* : Soil invertebrate fauna enhances grassland succession and diversity. *Nature*, **422**, 711-713, 2003.

Dolan, L. : Body building on land—morphological evolution of land plants. *Curr. Opin. Plant Biol.*, **12**, 4-8, 2009.

Erb, M. and J. Lu : Soil abiotic factors influence interactions between belowground herbivores and plant

引 用 文 献 *189*

roots. *J. Expe. Bot.*, **64**, 1295-1303, 2013.

French, N. : Assessment of leatherjacket damage to grassland and economic aspects of control. Proceedings of the 5th British Insecticide and Fungicide Conference. Farnham, UK : British Crop Protection Council, pp.511-521, 1969.

Gange, A. C. and V. K. Brown : Effects of root herbivory by an insect on a foliar-feeding species, mediated through changes in the host plant. *Oecologia*, **81**, 38-42, 1989.

Jackson, R. B. and M. M. Caldwell : Geostatistical petterns of soil heterogeneity around individual perennial plants. *J. Ecol.*, **81**, 683-692, 1993.

Jackson, R. B. *et al.* : A global analysis of root distributions for terrestrial biomes. *Oecologia*, **108**, 389-411, 1996.

McKey, D. : Adaptive patterns in alkaloid physiology. *Am. Nat.*, **108**, 305-320, 1974.

Meldau, S. *et al.* : Defence on demand : mechanisms behind optimal defence patterns. *Ann. Bot.*, **110**, 1503-1514, 2012.

Ohgushi, T. : Indirect interaction webs : Herbivore-induced effects through trait change in plants. *Annu. Rev. Ecol. Evol. Syst.*, **36**, 81-105, 2005.

Pellissier, L. *et al.* : The simultaneous inducibility of phytochemicals related to plant direct and indirect defences against herbivores is stronger at low elevation. *J. Ecol.*, **104**, 1116-1125, 2016.

Robert, C. A. M. *et al.* : A specialist root herbivore exploits defensive metabolites to locate nutritious tissues. *Ecol. Lett.*, **15**, 55-64, 2012.

Soler, R. *et al.* : Root herbivore effects on above-ground herbivore, parasitoid and hyperparasitoid performance via changes in plant quality. *J. Anim. Ecol.*, **74**, 1121-1130, 2005.

Soler, R. *et al.* : Impact of foliar herbivory on the development of a root-feeding insect and its parasitoid. *Oecologia*, **152**, 257-264, 2007.

Staudacher, K. *et al.* : Plant diversity affects behavior of generalist root herbivores, reduces crop damage, and enhances crop yield. *Ecol. Appl.*, **23**, 1135-1145, 2013.

Stein, C. *et al.* : Impact of invertebrate herbivory in grasslands depends on plant species diversity. *Ecology*, **91**, 1639-1650, 2010.

Strong, D. R. *et al.* : High mortality, fluctuation in numbers, and heavy subterranean insect herbivory in bush lupine, *Lupinus arboreus*. *Oecologia*, **104**, 85-92, 1995.

Tsunoda, T. *et al.* : Availability and temporal heterogeneity of water supply affect the vertical distribution and mortality of a belowground herbivore and consequently plant growth. *PLoS ONE*, **9**, e100437, 2014a.

Tsunoda, T. *et al.* : Interactive effects of soil nutrient heterogeneity and belowground herbivory on the growth of plants with different root foraging traits. *Plant Soil*, **384**, 327-334, 2014b.

Tsunoda, T. *et al.* : Root and shoot glucosinolate allocation patterns follow optimal defence allocation theory. *J. Ecol.*, **105**, 1256-1266, 2017.

Tsunoda, T. and N. M. van Dam : Root chemical traits and their roles in belowground biotic interactions. *Pedobiologia*, **65**, 58-67, 2017. doi : 10.1016/j.pedobi.2017.05.007

190 引 用 文 献

Villani, M. G. and R. J. Wright : Environmental influences on soil macroarthropod behaviour in agricultural systems. *Annu. Rev. Entomol.*, **35**, 249-269, 1990.

Welte, C. U. *et al.* : SaxA- mediated isothiocyanate metabolism in phytopathogenic pectobacteria. *Appl. Environ. Microbiol.*, **82**, 2372-2379, 2016.

Zvereva, E. L. and M.V. Kozlov : Sources of variation in plant responses to belowground insect herbivory : A meta-analysis. *Oecologia*, **169**, 441-452, 2012.

第 9 章

Ayres, E. *et al.* : The influence of below-ground herbivory and defoliation of a legume on nitrogen transfer to neighbouring plants. *Funct. Ecol.*, **21**, 256-263, 2007.

Blanchart, E. *et al.* : Effects of earthworms on soil strucuture and physical properties. In : *Earthworm Management in Tropical Agrosystems* (Lavelle, P. *et al.* eds.), CABI, pp.149-172, 1999.

Cebrian, J. : Patterns in the fate of production in plant communities. *Am. Nat.*, **154**, 449-468, 1999.

Connell, J. H. : Diversity in Tropical Rain Forests and Coral Reefs. *Science*, **199**, 1302-1310, 1978.

Cornwell, W. K. *et al.* : Plant species traits are the predominant control on litter decomposition rates within biomes worldwide. *Ecol. Lett.*, **11**, 1065-1071, 2008.

De Deyn, G. B. *et al.* : Soil invertebrate fauna enhances grassland succession and diversity. *Nature*, **422**, 711-713, 2003.

DeLuca, T. H. *et al.* : Nitrogen mineralization and phenol accumulation along a fire chronosequence in northern Sweden. *Oecologia*, **133**, 206-214, 2002.

Dunn, R. M. *et al.* : Influence of microbial activity on plant–microbial competition for organic and inorganic nitrogen. *Plant Soil*, **289**, 321-334, 2006.

Gholz, H. L. *et al.* : Long-term dynamics of pine and hardwood litter in contrasting environments : Toward a global model of decomposition. *Glob. Change Biol.* **6**, 751-765, 2000.

Grayston, S. J. *et al.* : Selective influence of plant species on microbial diversity in the rhizosphere. *Soil Biol. Biochem.*, **30**, 369-378, 1998.

Grime, J. P. *et al.* : Evidence of a Causal Connection between Anti-Herbivore Defence and the Decomposition Rate of Leaves. *Oikos*, **77**, 489, 1996.

van Groenigen, J. W. *et al.* : Earthworms increase plant production : A meta-analysis. *Sci. Rep.*, **4**, 6365, 2014.

van der Heijden, M. G. A. *et al.* : The unseen majority : Soil microbes as drivers of plant diversity and productivity in terrestrial ecosystems. *Ecol. Lett.*, **11**, 296-310, 2008.

Hobbie, S. E. : Plant species effects on nutrient cycling : Revisiting litter feedbacks. *Trends Ecol. Evol.*, **30**, 357-363, 2015.

Hyodo, F. *et al.* : Dependence of diverse consumers on detritus in a tropical rain forest food web as revealed by radiocarbon analysis. *Funct. Ecol.*, **29**, 423-429, 2015.

Inagaki, Y. *et al.* : Effects of forest type and stand age on litterfall quality and soil N dynamics in Shikoku district, southern Japan. *For. Ecol. Manag.*, **202**, 107-117, 2004.

引 用 文 献 *191*

Ishida, T. A. *et al.* : Host effects on ectomycorrhizal fungal communities : Insight from eight host species in mixed conifer-broadleaf forests. *New Phytol.*, **174**, 430–440, 2007.

Janzen, D. H. : Herbivores and the number of tree species in tropical forests. *Am. Nat.*, **104**, 501–528, 1970.

Kardol, P. and D. A. Wardle : How understanding aboveground-belowground linkages can assist restoration ecology. *Trends Ecol. Evol.*, **25**, 670–679, 2010.

Kattge, J. *et al.* : TRY—A global database of plant traits. *Glob. Change Biol.*, **17**, 2905–2935, 2011.

Kronzucker, H. J. *et al.* : Conifer root discrimination against soil nitrate and the ecology of forest succession. *Nature*, **385**, 59–61, 1997.

Kurokawa, H. and T. Nakashizuka : Leaf herbivory and decomposability in a Malaysian tropical rain forest. *Ecology*, **89**, 2645–2656, 2008.

Laakso, J. and H. Setälä : Population- and ecosystem-level effects of predation on microbial-feeding nematodes. *Oecologia*, **120**, 279–286, 1999.

Mangan, S. A. *et al.* : Negative plant-soil feedback predicts tree-species relative abundance in a tropical forest. *Nature*, **466**, 752–755, 2010.

Metcalfe, D. B. *et al.* : Herbivory makes major contributions to ecosystem carbon and nutrient cycling in tropical forests. *Ecol. Lett.*, **17**, 324–332, 2014.

Miyashita, T. *et al.* : Experimental evidence that aboveground predators are sustained by underground detritivores. *Oikos*, **103**, 31–36, 2003.

Moore, J. C. *et al.* : Top-down is bottom-up : Does predation in the rhizosphere regulate aboveground dynamics? *Ecology*, **84**, 846–857, 2003.

Northup, R. R. *et al.* : Polyphenol control of nitrogen release from pine litter. *Nature*, **377**, 227–229, 1995.

Packer, A. and K. Clay : Soil pathogens and spatial patterns of seedling mortality in a temperate tree. *Nature*, **404**, 278–281, 2000.

Priha, O. *et al.* : Comparing microbial biomass, denitrification enzyme activity, and numbers of nitrifiers in the rhizospheres of Pinus sylvestris, Picea abies and Betula pendula seedlings by microscale methods. *Biol. Fertil. Soils*, **30**, 14–19, 1999.

Schadt, C. W. *et al.* : Seasonal dynamics of previously unknown fungal lineages in tundra soils. *Science*, **301**, 1359–1361, 2003.

Tateno, R. and H. Takeda : Nitrogen uptake and nitrogen use efficiency above and below ground along a topographic gradient of soil nitrogen availability. *Oecologia*, **163**, 793–804, 2010.

Ushio, M. *et al.* : Variations in the soil microbial community composition of a tropical montane forest ecosystem : Does tree species matter? *Soil Biol. Biochem.*, **40**, 2699–2702, 2008.

de Vries, F. T. *et al.* : Abiotic drivers and plant traits explain landscape-scale patterns in soil microbial communities. *Ecol. Lett.*, **15**, 1230–1239, 2012.

Wardle, D. A. : *Communities and Ecosystems : Linking the Aboveground and Belowground Components*, Princeton University Press, 2002.

Wardle, D. A. *et al.* : The influence of island area on ecosystem properties. *Science*, **277**, 1296–1299, 1997.

Wardle, D. A. *et al.*：Introduced browsing mammals in New Zealand natural forests：Aboveground and belowground consequences. *Ecol. Monogr.*, **71**, 587-614, 2001.

第 10 章

青木淳一：土壌動物を指標とした自然の豊かさの評価．開発地域などにおける自然環境への影響予測と評価に関わる基礎調査―調査の結果と調査法マニュアル―，千葉県，pp.197-222，1995.

關 義和・小金澤正昭：栃木県奥日光地域の防鹿柵外におけるミミズ類の増加要因―シカによる植生改変の影響―，日本森林学会誌，**92**，241-246，2010.

高崎洋子他：ヒノキ人工林において間伐施行が土壌動物の群集構成と個体数密度に与える影響―三重県渡会郡大紀町における事例―．日本森林学会誌，**92**，167-170，2010.

永野昌博・後藤砂紀：土壌動物を指標とした植生管理と生物多様性の関係―大分大学構内における土壌動物を用いた自然の豊かさ評価―，大分大学教育福祉科学部研究紀要，**34**，73-84，2012.

菱 拓雄他：福岡県御手洗水流域ヒノキ不成績人工林における下層植生の違いがササラダニの種多様性に与える影響．*Edaphologia*，**84**，11-20，2009.

古澤仁美他：ニホンジカの採食によって林床植生の劣化した針広混交林でのリターおよび土壌の移動，日本森林学会誌，**85**，318-325，2003.

Covinton, W. W.：Changes in forest floor organic matter and nutrient content following clear cutting in northern hardwoods. *Ecology*, **62**, 41-48, 1981.

Evans, R.：Soil erosion in the UK initiated by grazing animals-a need for a national survey. *Appl. Geogr.*, **17**, 127-141, 1997.

Fukushima, K. *et al.*：Soil nitrogen dynamics during stand development after clear-cutting of Japanese cedar（*Cryptomeria japonica*）plantations. *J. For. Res.*, **16**(5), 394-404, 2011.

Hasegawa, M. *et al.*：Collembolan community in broad-leaved forests and in conifer stands of Cryptomeria japonica in Central Japan. *Pesquisa Agropecuária Brasileira*, **44**, 881-890, 2009.

Hasegawa, M. *et al.*：Community structure of Mesostigmata, Prostigmata and Oribatida in broad-leaved regeneration forests and conifer plantations of various ages. *Exp. Appl. Acarol.*, **59**, 391-408, 2013.

Hasegawa, M. *et al.*：Effects of roads on collembolan community structure in subtropical evergreen forests on Okinawa Island, southwestern Japan. *Pedobiologia*, **58**, 13-21, 2015.

Makino, S. *et al.*：The monitoring of insects to maintain biodiversity in Ogawa forest reserve. *Environ. Monit. Assess.*, **120**, 477-485, 2006.

Malmström, A.：The importance of measuring fire severity-Evidence from microarthropod studies. *For. Ecol. Manag.*, **15**, 62-70, 2010.

Malmstörm, A.：Life-history traits predict recovery patterns in Collembola species after fire：A 10 years study. *Appl. Soil Ecol.*, **56**, 35-42, 2012.

Mori, A. S. *et al.*：Biotic homogenization and differentiation of soil faunal communities in the production forest landscape：Taxonomic and functional perspectives. *Oecologia*, **177**, 533-544, 2015.

Mori, K. *et al.*：Tree influence on soil biological activity：What can be inferred from the optical examination of humus profiles? *Eur. J. Soil Biol.*, **45**, 290-300, 2009.

引　用　文　献　　　*193*

Ohta, T. *et al.*：Calcium concentration in leaf litter alters the community composition of soil invertebrates in warm-temperate forests. *Pedobiologia*, **57**, 257-262, 2014.

Parisi, V. *et al.*：Microarthropod communities as a tool to assess soil quality and biodiversity：A new approach in Italy. *Agrc. Ecosyst. Environ.*, **105**, 323-333, 2005.

Peck, R W. and C. G. Niwa：Longer-term effects of selective thinning on microarthropod communities in a late-successional coniferous forest. *Environ. Entomol.*, **34**, 646-655, 2005.

Pey, B. *et al.*：Current use of and future needs for soil invertebrate functional traits in community ecology. *Basic Appl. Ecol.*, **15**, 194-206, 2014.

Ponge, J. F.：Biocenoses of Collembola in atlantic temperate grass-woodland ecosystems. *Pedobiologia*, **37**(4), 223-24, 1993.

Saitoh, S. *et al.*：Impacts of deer overabundance on soil macro-invertebrates in a cool temperate forest in Japan：A long-term study. 森林研究, **77**, 63-75, 2008.

Saitoh, S. *et al.*：Impact of deer overabundance on oribatid mite communities in a cool temperate forest ecosystem. *Edaphologia*, **87**, 21-31, 2010.

Sakai, H. *et al.*：Changes in soil organic carbon and nitrogen in an area of Andisol following afforestation with Japanese cedar and Hinoki cypress. *Soil Sci. Plant Nutr.*, **56**, 332-343, 2010.

Tokuchi, N. and K. Fukushima：Long-term influence of stream water chemistry in Japanese cedar plantation after clear-cutting using the forest rotation in central Japan. *For. Ecol. Manag.*, **257**(8), 1768-1775, 2009.

Tsukamoto, J. and J. Sabang：Soil macro-fauna in an Acacia mangium plantation in comparison to that in a primary mixed dipterocarp forest in the lowlands of Sarawak, Malaysia. *Pedobiologia*, **49**, 69-80, 2005.

Vandewalle, M. *et al.*：Functional traits as indicators of biodiversity response to land use changes across ecosystems and organisms. *Biodivers. Conserv.*, **19**, 2921-2947, 2010.

Watanabe, H.：Effect of stand change on soil macro animals. *J. Jpn. For. Soc.*, **55**, 291-295, 1973.

Zimmer, M.：Nutrition in terrestrial isopods（Isopoda：Oniscidea）：An evolutionary-ecological approach. *Biol. Rev.*, **77**, 455-493, 2002.

≡ 第 11 章

青木淳一：土壌動物を指標とした自然の豊かさの評価．開発地域などにおける自然環境への影響予測と評価に関わる基礎調査―調査の結果と調査法マニュアル―，千葉県，pp.197-222，1995.

金子信博：土のなかの生物多様性を農業に活かす．科学，**85**，1091-1095，2015.

金子信博他：一次生産の持続可能性のための土壌管理―熱帯プランテーションにおける保全管理の効果―．環境科学会誌，**30**，82-87，2017.

金子信博他：有機リンゴ圃場の土壌動物多様性―慣行リンゴ圃場および森林との比較―．*Edaphologia*，**102**，2018 印刷中.

Arai, M. *et al.*：Changes in soil aggregate carbon dynamics under no-tillage with respect to earthworm biomass revealed by radiocarbon analysis. *Soil and Tillage Research*, **126**, 42-49, 2013.

引 用 文 献

Arai, M. *et al.* : Changes in water stable aggregate and soil carbon accumulation in a no-tillage with weed mulch management site after conversion from conventional management practices. *Geoderma,* **221-222C**, 50-60, 2014.

Arai, M. *et al.* : Two-year responses of earthworm abundance, soil aggregates, and soil carbon to no-tillage and fertilization. *Geoderma,* 2018. doi : 10.1016/j.geoderma.2017.10.021

Barrios, E. : Soil biota, ecosystem services and land productivity. *Ecol. Econ.,* **64** : 269-285, 2007.

Belda, I. *et al.* : From vineyard soil to wine fermentation : Microbiome approximations to explain the "terroir" concept. *Front. Microbiol.,* **8**, 821, 2017.

Bongers, T. : The maturity index : An ecological measure of environmental dsiturbance based on nematode species composition. *Oecologia,* **83**, 14-19, 1990.

Briones, M.J.I. and O. Schmidt : Conventional tillage decreases the abundance and biomass of earthworms and alters their community structure in a global meta-analysis. *Glob. Change Biol.,* **23**, 4396-4419, 2017. doi : 10.1111/gcb.13744

Cong, R.G. *et al.* : Managing soil natural capital : An effective strategy for mitigating future agricultural risks? *Agric. Syst.,* **129**, 30-39, 2014.

Ferris H. *et al.* : A framework for soil food web diagnostics : Extension of the nematode faunal analysis concept. *Appl. Soil Ecol.,* **18**, 13-29, 2001.

van Groenigen, J.W. *et al.* : Earthworms increase plant production : A meta-analysis. *Sci. Rep.,* **4**, 6365, 2014.

Haddad, N.M. *et al.* : Plant diversity and the stability of foodwebs. *Ecol. Lett.,* **14**, 42-46, 2011.

Kaneko, N. : Biodiversity agriculture supports human populations. In : *Sustainable Living with Environmental Risks* (Kaneko, N. *et al.* eds.), Springer Tokyo, pp.19-25, 2014.

Kibblewhite, M.G. *et al.* : Soil health in agricultural systems. *Philos. Trans. Royal Soc. B,* **363**, 685-701, 2008.

Lange, M. *et al.* : Plant diversity increases soil microbial activity and soil carbon storage. *Nat. Commun.,* **6**, 6707-6707, 2015.

Laumonier, Y. *et al.* : Eco-floristic sectors and deforestation threats in Sumatra : Identifying new conservation area network priorities for ecosystem-based land use planning. *Biodivers. Conserv.,* **19**, 1153-1174, 2010.

Ludwig, M. *et al.* : Measuring soil sustainability via soil resilience. *Sci. Total Environ.,* 2017. doi : 10.1016/j.scitotenv.2017.10.043

Mclntyre, B.D. *et al.* eds. : International assessment of agricultural knowledge, science and technology for development (IAASTD) : synthesis report with executive summary : A synthesis of the global and sub-global IAASTD reports, Island Press, 2009.

Menta *et al.* : Soil Biological Quality index (QBS-ar) : 15 years of application at global scale. *Ecol. Indic.,* **85**, 773-780, 2018.

Montanarella, L. *et al.* : World's soils are under threat. *Soil,* **2**, 79-82, 2016.

Montgomery, D.R. : Soil erosion and agricultural sustainability. *PNAS,* **104**, 13268-13272, 2004.

引 用 文 献　　195

Mulder, C. *et al.* : How allometric scaling relates to soil abiotics. *Oikos*, **120**, 529-536, 2011.

Niwa, S. *et al.* : Effects of fine-scale simulation of deer browsing on soil micro-foodweb structure and N mineralization rate in a temperate forest. *Soil Biol. Biochem.*, **40**, 699-708, 2008.

Nuria, R. *et al.* : IBQS : A synthetic index of soil quality based on soil macro-invertebrate communities. *Soil Biol. Biochem.*, **43**, 2032-2045, 2011.

Parisi, V. *et al.* : Microarthropod communities as a tool to assess soil quality and biodiversity : A new approach in Italy. *Agric. Ecosyst. Environ.*, **105**, 323-333, 2005.

Petersen, H. and M. Luxton : A comparative analysis of soil fauna populations and role in decomposition process. *Oikos*, **39**, 287-388, 1982.

Pulleman, M. *et al.* : Soil biodiversity, biological indicators and soil ecosystem services-an overview of European approaches. *Curr. Opin. Environ. Sustain.*, **4**, 529-538, 2012.

Rutgers M. *et al.* : Biological measurements in a nationwide soil monitoring network. *Eur. J. Soil Sci.*, **60**, 820-832, 2009.

Sackett, T. E. *et al.* : Linking soil food web structure to above- and belowground ecosystem processes : A meta-analysis. *Oikos*, **119**, 1984-1992, 2010.

Stirling, G. R. *et al.* : The impact of an improved sugarcane farming system on chemical, biochemical and biological properties associated with soil health. *Appl. Soil Ecol.*, **46**, 470-477, 2010.

Strudley, M. W. *et al.* : Tillage effects on soil hydraulic properties in space and time : State of the science. *Soil and Tillage Research*, **99**, 4-48, 2008.

Tebrügge, F. *et al.* : Reducing tillage intensity - A review of results from a long-term study in Germany. *Soil and Tillage Research*, **53**, 15-28. 1999.

Tilman, D. *et al.* : Biodiversity and ecosystem functioning. *Ann. Rev. Ecol. Evol. Syst.*, **45**, 471-493, 2014.

Tsiafouli, M. A. *et al.* : Intensive agriculture reduces soil biodiversity across Europe. *Glob. Change Biol.*, **21**, 973-985, 2015.

Velasquez, E. *et al.* : GISQ, a multifunctional indicator of soil quality. *Soil Biol. Biochem.*, **39**, 3066-3080, 2007.

Wagg, C. *et al.* : Soil biodiversity and soil community composition determine ecosystem multifunctionality. *PNAS*, **111**, 5266-5270, 2014.

Wall, D. H. *et al.* : Soil biodiversity and human health. *Nature*, **529**, 69-76, 2015.

Wardle, D. A. : Impacts of disturbance on detritus food webs in agro-ecosystems of contrasting tillage and weed management practices. *Adv. Ecol. Res.*, **26**, 105-185, 1995.

West, P. C. *et al.* : Trading carbon for food : Global comparison of carbon stocks vs. crop yields on agricultural land. *PNAS*, **107**, 19645-19648, 2010.

第 12 章

金子信博・中森泰三：森林土壌と土壌動物の放射線影響. 森林環境 2014 （竹内敬二・森本幸裕編著）, 森林文化協会, pp.166-173, 2014.

Berg, M. P. *et al.* : Adapt or disperse : understanding species persistence in a changing world. *Glob.*

Change Biol., **16**, 587-598, 2010.

Blankinship, J. C. *et al.* : A meta-analysis of responses of soil biota to global change. *Oecologia*, **165**, 553-565, 2011.

Bobbink, R. *et al.* : Global assessment of nitrogen deposition effects on terrestrial plant diversity. *Ecol. Appl.*, **20**, 30-59, 2010.

Calmon, P. *et al.* : Transfer parameter values in temperate forest ecosystems : A review. *J. Environ. Radioact.*, **100**, 757-766, 2009.

Cardinale, B. J. *et al.* : Biodiversity loss and its impact on humanity. *Nature*, **486**, 59-67, 2012.

Costanza, R. *et al.* : The value of the world's ecosystem services and natural capital. *Nature*, **387**, 253-260, 1997.

Doran, J. W. and M. R. Zeiss : Soil health and sustainability : Managing the biotic component of soil quality. *Appl. Soil Ecol.*, **15**, 3-11, 2000.

Fierer, N. *et al.* : Comparative metagenomic, phylogenetic and physiological analyses of soil microbial communities across nitrogen gradients. *ISME J.*, **6**, 1007-1017, 2012.

Garnier-Laplace, J. *et al.* : Fukushima wildlife dose reconstruction signals ecological consequences. *Environ. Sci. Technol.*, **45**, 5077-5078, 2011.

Gilliam, F. S. : Response of the herbaceous layer of forest ecosystems to excess nitrogen deposition. *J. Ecol.*, **94**, 1176-1191, 2006.

Hasegawa, M. *et al.* : Changes in radiocesium concentrations in epigeic earthworms in relation to the organic layer 2.5 years after the 2011 Fukushima Dai-ichi Nuclear Power Plant accident. *J. Environ. Radioact.*, **145**, 95-101, 2015.

Hooper, D. U. *et al.* : Effects of biodiversity on ecosystem functioning : A consensus of current knowledge. *Ecol. Monogr.*, **75**, 3-35, 2005.

Imamura, N. *et al.* : Temporal changes in the radiocesium distribution in forests over the five years after the Fukushima Daiichi Nuclear Power Plant accident. *Sci. Rep.*, **7**, 8179, 2017.

Kamitani, T. and N. Kaneko : Species-specific heavy metal accumulation patterns of earthworms on a floodplain in Japan. *Ecotoxicol. Environ. Saf.*, **66**, 82-91, 2007.

Keesstra, S. D. *et al.* : The significance of soils and soil science towards realization of the United Nations Sustainable Development Goals. *Soil*, **2**, 111-128, 2016.

Kibblewhite, M. G. *et al.* : Soil health in agricultural systems. *Philos. Trans. Royal Soc. B*, **363**, 685-701, 2008.

Letourneau, D. K. and S. G. Bothwell : Comparison of organic and conventional farms : Challenging ecologists to make biodiversity functional. *Front. Ecol. Environ.*, **6**, 430-438, 2008.

Makoto, K. *et al.* : Change the menu? Species-dependent feeding responses of millipedes to climate warming and the consequences for plant–soil nitrogen dynamics. *Soil Biol. Biochem.*, **72**, 19-25, 2014.

Millennium Ecosystem Assessment 編, 横浜国立大学 21 世紀 COE 翻訳委員会訳 : 生態系サービスと人類の将来—国連ミレニアムエコシステム評価—, オーム社, 2007.

Miura, T. *et al.* : The effects of nitrogen fertilizer on soil microbial communities under conventional and

引 用 文 献　　　197

conservation agricultural managements in a tropical clay-rich Ultisol. *Soil Sci.*, **181**, 68-74, 2016.

Oita, A. *et al.* : Substantial nitrogen pollution embedded in international trade. *Nature Geoscience*, 6-10, 2016.

Orgiazzi, A. *et al.* : *Global Soil Biodiversity Atlas*, European Commision, Joint Research Centre, Ispra, 2016.

Rockstrom, J. *et al.* : A safe operating space for humanity. *Nature*, **461**, 472-475, 2009.

Rousseau, L. *et al.* : Soil macrofauna as indicators of soil quality and land use impacts in smallholder agroecosystems of western Nicaragua. *Ecol. Indic.*, **27**, 71-82, 2013.

Salamanca, E. F. *et al.* : Rainfall manipulation effects on litter decomposition and the microbial biomass of the forest floor. *Appl. Soil Ecol.*, **22**, 271-281, 2003.

Shibata, H. *et al.* : Nitrogen footprints : Regional realities and options to reduce nitrogen loss to the environment. *AMBIO*, **46**, 129-142, 2017.

Steffen, W. *et al.* : The Anthropocene : Conceptual and historical perspectives. *Philos. Trans. Royal Soc. A*, **369**, 842-867, 2011.

Steffen, W. *et al.* : Planetary Boundaries : Guiding human development on a changing planet. *Science*, **347**, 2015.

Strebl, F. and F. Tataruch : Time trends (1986-2003) of radiocesium transfer to roe deer and wild boar in two Austrian forest regions. *J. Environ. Radioact.*, **98**, 137-152, 2007.

Tilman, D. and M. Clark : Global diets link environmental sustainability and human health. *Nature*, **515**, 518-522, 2014.

Tilman, D. *et al.* : Agricultural sustainability and inteisive porudction practices. *Nature*, **418**, 671-677, 2002.

Tilman, D. *et al.* : Biodiversity and ecosystem functioning. *Annu. Rev. Ecol. Evol. Syst.*, **45**, 471-493, 2014.

Tsiafouli, M. A. *et al.* : Intensive agriculture reduces soil biodiversity across Europe. *Glob. Change Biol.*, **21**, 973-985, 2015. doi : 10.1111/gcb.12752

de Vries, F. T. *et al.* : Soil food web properties explain ecosystem services across European land use systems. *PNAS*, **110**, 14296-14301, 2013.

Wall, D. H. *et al.* : Soil biodiversity and human health. *Nature*, **529**, 69-76, 2015.

Zaitsev, A. S. *et al.* : Ionizing radiation effects on soil biota : Application of lessons learned from Chernobyl accident for radioecological monitoring. *Pedobiologia*, **57**, 5-14, 2014.

参 考 文 献

　本書引用文献・参考文献の書誌情報は，朝倉書店ウェブサイト（https://www.asakura.co.jp/）よりダウンロードできます．検索の際にご活用ください．

第1章

久馬一剛：土とは何だろうか，京都大学学術出版会，2005.

日本土壌肥料学会「土のひみつ」編集グループ編：土のひみつ—食料・環境・生命—，朝倉書店，2015.

藤井一至：大地の五億年—せめぎあう土と生き物たち—，ヤマケイ新書，2015.

陽　捷行：18 cmの奇跡，三五館，2015.

レオポルド・バル：土壌動物による土壌の熟成，博友社，1994.

第2章

石井圭一：アメーバ図鑑（掘上英紀・木原　章編），金原出版，1999.

日本土壌微生物学会編：新・土の微生物（7）生態的にみた土の原生動物・藻類，博友社，2000.

本間善久：食菌性土壌小動物による土壌病害の生物防除．植物防疫，**39**(12)，553-559，1985.

Bamforth, S. S.：Sampling and enumerating soil protozoa. In：*Protocols in Protozoology.* (Lee J. J. and A. T. Soldo eds.), B-5.1-B-5.3, Society of Protozoologists, Allen Press, 1992.

第3章

石橋信義編：線虫の生物学，東京大学出版会，2003.

日本土壌肥料学会編：土壌の原生生物・線虫群集—その土壌生態系での役割—，博友社，2009.

二井一禎他編：微生物生態学への招待—森をめぐるミクロな世界—，京都大学学術出版会，2012.

水久保隆之・二井一禎編：線虫学実験，京都大学出版会，2014.

McGawley, E. C. *et al.* eds.：Introduction to nematodes, 2011. http://nematode.net/NN3_frontpage.
cgi?navbar_selection=home&subnav_selection=introduction_to_nematodes

第4章

青木淳一：土壌動物学—分類・生態・環境との関係を中心に—，北隆館，1973.

青木淳一：日本産土壌動物—分類のための図解検索第2版—，東海大学出版部，2015.

金子信博：土壌生態学入門—土壌動物の多様性と機能—，東海大学出版会，2007.

曽田貞滋：新オサムシ学—生態から進化まで—，北隆館，2013.

田辺　力：多足類読本—ムカデとヤスデの生物学—，東海大学出版会，2001.

吉村　剛ほか：シロアリの辞典，海青社，2012.

参 考 文 献

第5章

石塚小太郎・皆越ようせい：ミミズ図鑑，全国農村教育協会，2014.

山口英二：ミミズの話，北隆館，1970.

渡辺弘之：ミミズの雑学，北隆館，2012.

第6章

大串隆之他編：生物間ネットワークを紐とく，京都大学学術出版会，2009.

大園享司：基礎から学べる菌類生態学，共立出版，2018.

大園享司・鏡味麻衣子編：微生物の生態学，共立出版，2011.

東樹宏和：DNA情報で生態系を読み解く―環境DNA・大規模群集調査・生態ネットワーク―，共立出版，2016.

二井一禎・肘井直樹編著：森林微生物生態学，朝倉書店，2000.

第7章

武田博清：トビムシの住む森―土壌動物から見た森林生態系―（生態学ライブラリー），京都大学学術出版会，2002.

日本土壌動物学会編：土壌動物学への招待―採集からデータ解析まで―，東海大学出版会，2007.

Coleman, D. *et al.*：*Fundamentals of Soil Ecology* 3rd Edition, Academic Press, 2017.

Bardgett, R. D.：*The Biology of Soil*：*A Community and Ecosystem Approach*, Oxford University Press, 2005.

バージェット，R. D.・D. A. ワードル著，深澤　遊他訳：地上と地下のつながりの生態学―生物間相互作用から環境変動まで―，東海大学出版部，2016.

Wall, D. H. *et al.*：*Soil Ecology and Ecosystem Services*, Oxford University Press, 2012.

第8章

内海俊介・中村誠宏：（生態学フィールド調査法シリーズ8）動物―植物相互作用調査法，共立出版，2017.

バージェット，R. D.・D. A. ワードル著，深澤　遊他訳：地上と地下のつながりの生態学―生物間相互作用から環境変動まで―，東海大学出版部，2016.

藤崎憲治他：昆虫生態学，朝倉書店，2014.

森田茂紀編：根のデザイン―根が作る食料と環境―，養賢堂，2003.

デクローン，H.・E. J. W. フィッシャー著，森田茂紀・田島亮介監訳：根の生態学，シュプリンガー・ジャパン株式会社，2008.

第9章

バージェット，R. D.・D. A. ワードル著，深澤　遊他訳：地上と地下のつながりの生態学―生物間相互作用から環境変動まで―，東海大学出版部，2016.

Bardgett R. D.：*The Biology of Soil*：*A Community and Ecosystem Approach*, Oxford University Press, 2005.

第10章

柴田英昭編：（森林科学シリーズ7）森林と土壌，共立出版，2018.

柴田英昭編：（森林科学シリーズ8）森林と物質循環，共立出版，2018.

森林立地学会編：森のバランス―植物と土壌の相互作用―，東海大学出版会，2012.

Millennium ecosystem Assessment編，横浜国立大学21世紀COE翻訳委員会訳：生態系サービスと人類の将来―国連ミレニアムエコシステム評価―，オーム社，2007.

第11章

石井龍一他編：環境保全型農業事典，丸善，2005.

デイビッド・モントゴメリー著，片岡夏実訳：土の文明史，築地書館，2010.

デイビッド・モントゴメリー，アン・ビクレー著，片岡夏実訳：土と内臓，築地書館，2016.

日本土壌肥料学会編：世界の土・日本の土は今―地球環境・異常気象・食料問題を土からみると―，2015.

第12章

中西友子編著：土壌汚染 フクシマの放射性物質のゆくえ（NHKブックス），2013.

日本生態学会：（エコロジー講座3）なぜ地球の生きものを守るのか（宮下　直・矢原徹一編），2010.

日本生態学会：（エコロジー講座4）地球環境問題に挑む生態学（仲岡雅裕編），2011.

索　引

欧文

BOLD（Barcode of Life Data Systems）　55
C:N 比　33
Colpoda 属　22
DNA バーコーディング　26, 55, 109
DNA メタバーコーディング　56
GSBA（Global Soil Biodiversity Atlas）　173
IBP（International Biological Program）　88
Idiosome　19
LMA（leaf mass per area）　120
MA（Millennium Ecosystem Assessment）　171
Metopus 属　19
MPN–SIPs 法（most probable number with species identification and population size estimation）　24
MPN（most probable number）法　18, 20, 22
PGPR（plant growth-promoting rhizobacteria）　29, 33
SAR　16
Xenosome　19

ア行

アーキア（古細菌）　14
アーケプラスチダ　15, 16
アメーバ　18
アメボゾア　16
アモルフェア　16

アリ科　46
アルゼンチンアリ　53
アルベオラータ　16
安定同位体分析　109
アンモニア　41

維管束系　101
一次根　102
一次根系　103
一次生産　154
一次遷移　150
遺伝的分化　51
（多様性の）緯度勾配　48

栄養塩制限　125
エクスカバータ　16
エスケープ　77
エダヒゲムシ綱　46

大型草食獣　141
大型土壌動物　5, 8, 75, 126, 139
大型哺乳類除去区　123
オオヒキガエル　54
オーキシン　29, 34
落葉溜め　62
オピストコンタ　15, 16
温暖化　49, 132, 165

カ行

外部ルーメン　68, 86
外来生物（外来種）　53, 60, 129
化学的改変　86
化学防御物質　106
攪乱　138, 151
下層植生　136, 141
活性窒素　167
活動体　20

カニムシ目　46
カマアシムシ目　46
環境 DNA　25
環境指標　143, 160
環境問題　162
干渉型競争　83
間接効果　115
環帯類　57
間伐　137, 140

気候変動　164
キシャヤスデ　96
寄生　74
寄生性動物　11
キノコ　76
休眠体（シスト，嚢子）　19
共生　87
共生消化　67, 92
競争　78, 83
極相期　129
巨大土壌動物　5, 11
菌界　16
菌根菌　119, 123
菌食性（糸状菌食性）線虫　31, 33, 35
菌類　118

クモ目　46
グルコシノレート　106
グルーミング　82
クロミスタ界　16
クロムアルベオラータ　16
群集　119

原生生物　14
原生動物界　16

耕起　71, 148, 151, 152

耕種的防除　41
恒常的抵抗性　77
広食性　75
降水量　165
構築期　129
コウチュウ目　46
坑道　62, 68
小型土壌動物　5, 7, 75
国際生物学事業計画(IBP)　88
コムカデ綱　46
コムシ目　46
根系　101
　——の器官　102
　——の防御　105
根圏　28
混食　75
根食昆虫　101, 103
根食者　9

サ行

最確値(MPN)法　18, 22
細菌食性線虫　31, 32, 34
細根　102
最適防御理論　105
細胞性粘菌　18
細胞内共生微生物　80
在来種　60
界　14
雑食性線虫　31
殺生栄養　74, 80
ザトウムシ目　46
砂嚢　67
散布　83
散布体　79

シアノバクテリア　123
ジェネラリスト　104, 108
自活性線虫　31
糸状菌食性(菌食性)線虫　31,
　　33, 35
シスト　19
シストセンチュウ　36, 38
次世代シークエンサー　26, 56
自然資本　159

自然存在放射性炭素　127
自然度指標　145
自然農　157
指標　173
シミ目　46
ジャンゼン・コンネル仮説　124
重金属　168
主根　102
主根型根系　102
樹種転換　133
種数-面積関係　49
純一次生産　117
純多様性効果　99
消化管内共生　87
消費型競争　83, 85
食害　107, 141
植食者　9, 122
食性分化　75
植物界　16
植物寄生性線虫　35, 36, 41
植物群落　38
植物根系の防御　105
植物生育(生長)促進根圏細菌
　　(PGPR)　29, 33
植物内生菌　41
植物ホルモン　34
植物ホルモンループ　29
食物年齢　128
食物網　27
食物連鎖(食物網)　3, 27
除草　153
シロアリ目　46
真核生物(ユーカリヤ)　14
真菌類　74
シングルセルPCR法　25
人工林　132, 139
人新世(人類世)　162
真正細菌(バクテリア)　14
森林管理　131, 132

垂直伝播　80
水田　38
ストラメノパイル　16
スーパーグループ　15
スペシャリスト　104, 108

生活型　60
生食連鎖　3
棲息場所選択性　76
生体栄養　74, 80
生態系改変者　2, 9, 10, 68, 88,
　　124
生態系機能　172
生態系サービス　131, 171
生物間相互作用　72
生物多様性　162
生物的防除　35, 39
生物6界説　15
節根　103
選択効果　98
線虫(センチュウ)　31, 127
　——の口器　31, 36
　——の食性群　31
線虫捕捉菌　35
繊毛虫類　19

創傷活性抵抗性　77
相補性効果　98
相利関係　81
相利共生　28
粗大団粒　152
側根　102

タ行

退行期　129
耐性　77
ダニ目　46
多様性の緯度勾配　48
単為生殖　54, 81
ダンゴムシ　53
炭素隔離　96
炭素同位体比　127

地球規模土壌生物多様性アトラ
　　ス(GSBA)　173
地中性　76
地中性種　61, 65
窒素　97, 107, 122, 167
窒素固定シアノバクテリア　123
窒素固定バクテリア　123

索　　引　　　　　　203

窒素無機化　121
地表被覆　42
着生　85
中型土壌動物　5, 7, 75, 134
腸盲嚢　63
直接検鏡法　20
直接効果　115
地理的分化　51

ディアフォレティケス　16
抵抗性　77
デトリタス　3
天敵出芽細菌　40
天敵微生物　39
天然林　132

動物界　16
動物散布　84
動物被食散布　84
動物付着散布　84
特定外来生物　53
土壌孔隙　156
土壌栄養塩　112, 113
土壌形成　68
土壌構造の改変　85
土壌湿度　112
土壌侵食　148
土壌生成　175
土壌生態系　154
土壌生物の分類群　6
土壌節足動物　45
土壌炭素　155
土壌団粒構造　21
土壌動物　5
土壌の健康　173
土壌の質　173
土壌微生物群集組成　119
土壌病原菌　124
土壌流亡　140
土壌劣化　148
トップダウン　118
トビムシ目　46
ドメイン　14
トリプトファン　29
トレード・オフ　105

トンネル形成　91

≣ナ行

ナフタレン　94

二次根　102
二次根系　103
二次遷移　135
二次代謝産物　106
二次林　132
ニセネグサレセンチュウ　35
2段階バーコーディング　26

ネグサレセンチュウ　37, 38, 43
ネコブセンチュウ　36, 38
熱帯雨林　124

農耕地　38
農地　148, 151, 152

≣ハ行

バイオーム　13
バイコンツ　16
バクテリア　14, 74, 118, 123
ハクロビア　16
裸アメーバ類　18
畑作　38
伐採　132, 140
繁殖体　83
　　——の散布　83
反応性窒素　167

ヒアリ　53
ひげ根型根系　103
被食抵抗性　77
微生物食者　9, 88
微生物の摂食　91
微生物の分散　91
微生物バイオマス　119
非生物要因　112
微生物ループ　27
表層採食地中性　76
表層採食地中性種　61, 65

表層性　76
表層性種　61, 64

フェノール濃度　121
不耕起栽培　42, 152
不耕起畑　22
腐植流入　127
腐食連鎖　3
腐生栄養　74
物質循環系　28
不定根　103
フトミミズ科　59
糞　86
糞塊　62, 68
分解作用　91
分解速度　122
糞団粒　71

変形菌　18
鞭毛虫類　19

防御　77
防御形質　105
放射性物質　170
補償生長　78, 110
補償摂食　76
捕食　74
捕食者　9
捕食性線虫　31, 35
保全耕起　148
保全農業　147
捕捉　80
ボトムアップ　118
ホームアドバンテージ効果　121
ボルバキア　54, 81

≣マ行

マイクロコズム　94
マツノザイセンチュウ　35

緑の革命　172
ミネラル　97
ミミズ　2, 10, 57, 126, 158
　　——の生活型　60, 66

ミレニアム生態系評価(MA) 171

ムカデ綱 46
無機態窒素 34
ムル型土壌 128

メソコズム 94

モル型土壌 128

≫ ヤ行

ヤスデ綱 46
山火事 129
ヤンバルトサカヤスデ 53

有殻アメーバ類 18
有殻糸状根足虫 18
有殻葉状根足虫 18
有機物 41
　——の粉砕 91
誘導抵抗性 77, 78
誘導防御 107
ユーカリヤ 14
ユニコンツ 16

ヨコエビ目 46

≫ ラ行

落葉粉砕 85
落葉変換者 9, 10, 88

リザリア 16
リター 109, 133
リターバッグ 92, 95
リター分解 120, 122
リターボックス 96
リン 97, 122
林齢 133

≫ ワ行

ワラジムシ目 46

編集者略歴

金子信博
_{かね こ のぶ ひろ}

1959 年　長崎県に生まれる
1983 年　京都大学大学院農学研究科修士課程修了
現　在　福島大学農学系教育研究組織設置準備室 教授
　　　　農学博士

実践土壌学シリーズ 2
土 壌 生 態 学　　　　　　　定価はカバーに表示

2018 年 8 月 25 日　初版第 1 刷
2024 年 2 月 25 日　　　第 3 刷

編集者　金　子　信　博
発行者　朝　倉　誠　造
発行所　株式会社　朝　倉　書　店

東京都新宿区新小川町 6-29
郵 便 番 号　162-8707
電　話　03 (3260) 0141
FAX　03 (3260) 0180
https://www.asakura.co.jp

〈検印省略〉

© 2018 〈無断複写・転載を禁ず〉　印刷・製本　デジタルパブリッシングサービス

ISBN 978-4-254-43572-6　C 3361　　　Printed in Japan

JCOPY ＜出版者著作権管理機構 委託出版物＞
本書の無断複写は著作権法上での例外を除き禁じられています. 複写される場合は,
そのつど事前に, 出版者著作権管理機構 (電話 03-5244-5088, FAX 03-5244-5089,
e-mail: info@jcopy.or.jp) の許諾を得てください.

好評の事典・辞典・ハンドブック

感染症の事典	国立感染症研究所学友会 編	B5判 336頁
呼吸の事典	有田秀穂 編	A5判 744頁
咀嚼の事典	井出吉信 編	B5判 368頁
口と歯の事典	高戸 毅ほか 編	B5判 436頁
皮膚の事典	溝口昌子ほか 編	B5判 388頁
からだと水の事典	佐々木成ほか 編	B5判 372頁
からだと酸素の事典	酸素ダイナミクス研究会 編	B5判 596頁
炎症・再生医学事典	松島綱治ほか 編	B5判 584頁
からだと温度の事典	彼末一之 監修	B5判 640頁
からだと光の事典	太陽紫外線防御研究委員会 編	B5判 432頁
からだの年齢事典	鈴木隆雄ほか 編	B5判 528頁
看護・介護・福祉の百科事典	糸川嘉則 編	A5判 676頁
リハビリテーション医療事典	三上真弘ほか 編	B5判 336頁
食品工学ハンドブック	日本食品工学会 編	B5判 768頁
機能性食品の事典	荒井綜一ほか 編	B5判 480頁
食品安全の事典	日本食品衛生学会 編	B5判 660頁
食品技術総合事典	食品総合研究所 編	B5判 616頁
日本の伝統食品事典	日本伝統食品研究会 編	A5判 648頁
ミルクの事典	上野川修一ほか 編	B5判 580頁
新版 家政学事典	日本家政学会 編	B5判 984頁
育児の事典	平山宗宏ほか 編	A5判 528頁

価格・概要等は小社ホームページをご覧ください.